高水平地方应用型大学建设系列教材

材料成型与加工
综合训练指导书

沈喜训　高立新　赖春艳　编著

U0315032

北　京

冶金工业出版社

2021

内 容 提 要

本书是围绕材料科学与工程专业的主干课程体系设置实验训练课的教学用书,实验训练内容主要包括高分子材料的合成与控制实验、金属材料的加工性能与控制实验、无机非金属材料的合成与控制实验。实验内容以培养学生研究能力、创新能力为目的的"三性"实验,即综合性、设计性与研究创新性实验。教材适合于大学本科实验课教学以及在生产实践中的从业人员培训。

图书在版编目 (CIP) 数据

材料成型与加工综合训练指导书 / 沈喜训,高立新,赖春艳编著. —北京:冶金工业出版社,2021. 10

高水平地方应用型大学建设系列教材

ISBN 978-7-5024-8917-5

Ⅰ. ①材…　Ⅱ. ①沈…　②高…　③赖…　Ⅲ. ①工程材料—成型加工—高等学校—教材　Ⅳ. ①TB3

中国版本图书馆 CIP 数据核字(2021)第 179890 号

出 版 人　苏长永
地　　址　北京市东城区嵩祝院北巷 39 号　邮编　100009　电话　(010)64027926
网　　址　www.cnmip.com.cn　电子信箱　yjcbs@cnmip.com.cn
责任编辑　程志宏　郭雅欣　美术编辑　吕欣童　版式设计　郑小利
责任校对　范天娇　责任印制　禹　蕊
ISBN 978-7-5024-8917-5
冶金工业出版社出版发行;各地新华书店经销;三河市双峰印刷装订有限公司印刷
2021 年 10 月第 1 版,2021 年 10 月第 1 次印刷
710mm×1000mm　1/16;9.5 印张;182 千字;138 页
35. 00 元
冶金工业出版社　投稿电话　(010)64027932　投稿信箱　tougao@cnmip.com.cn
冶金工业出版社营销中心　电话　(010)64044283　传真　(010)64027893
冶金工业出版社天猫旗舰店　yjgycbs.tmall.com
(本书如有印装质量问题,本社营销中心负责退换)

《高水平地方应用型大学建设系列教材》
编 委 会

主 任 徐群杰

副主任 王罗春 李巧霞

委 员 (按姓氏笔画)

王罗春	王 莹	王 啸	刘永生	任 平
朱 晟	李巧霞	陈东生	辛志玲	吴春华
张俊喜	张 萍	沈喜训	时鹏辉	赵玉增
郑红艾	周 振	孟新静	胡晨燕	高立新
郭文瑶	郭新茹	徐群杰	葛红花	蒋路漫
赖春艳	蔡毅飞			

《高水平地方应用型大学建设系列教材》序

应用型大学教育是高等教育结构中的重要组成部分。高水平地方应用型高校在培养复合型人才、服务地方经济发展以及为现代产业体系提供高素质应用型人才方面越来越显现出不可替代的作用。2019 年，上海电力大学获批上海市首个高水平地方应用型高校建设试点单位，为学校以能源电力为特色，着力发展清洁安全发电、智能电网和智慧能源管理三大学科，打造专业品牌，增强科研层级，提升专业水平和服务能力提出了更高的要求和发展的动力。清洁安全发电学科汇聚化学工程与工艺、材料科学与工程、材料化学、环境工程、应用化学、新能源科学与工程、能源与动力工程等专业，力求培养出具有创新意识、创新性思维和创新能力的高水平应用型建设者，为煤清洁燃烧和高效利用、水质安全与控制、环境保护、设备安全、新能源开发、储能系统、分布式能源系统等产业，输出合格应用型优秀人才，支撑国家和地方先进电力事业的发展。

教材建设是搞好应用型特色高校建设非常重要的方面。以往应用型大学的本科教学主要使用普通高等教育教学用书，实践证明并不适应在应用型高校教学使用。由于密切结合行业特色及新的生产工艺以及与先进教学实验设备相适应且实践性强的教材稀缺，迫切需要教材改革和创新。编写应用性和实践性强及有行业特色教材，是提高应用型人才培养质量的重要保障。国外一些教育发达国家的基础课教材涉及内容广、应用性强，确实值得我国应用型高校教材编写出版借鉴和参考。

为此，上海电力大学和冶金工业出版社合作共同组织了高水平地方应用型大学建设系列教材的编写，包括课程设计、实践与实习指导、实验指导等各类型的教学用书，首批出版教材 17 种。教材的编写将遵循应用型高校教学特色、学以致用、实践教学的原则，既保证教学内容的完整性、基础性，又强调其应用性，突出产教融合，将教学和学生专业知识和素质能力提升相结合。

本系列教材的出版发行，对于我校高水平地方应用型大学的建设、高素质应用型人才培养具有十分重要的现实意义，也将为教育综合改革提供示范素材。

上海电力大学校长　李和兴

2020 年 4 月

前　言

　　本书是应用型大学材料类专业的综合性实践环节教学用书，该书涵盖了金属材料、高分子材料、无机非金属材料、现代表面科学与工程等课程的相关实验内容。本书分为金属材料的工艺与性能控制、高分子材料的合成与性能以及无机非金属材料的合成与性能控制共3篇。其中，金属材料工艺与性能控制主要围绕材料科学基础、金属热处理和金属材料学、材料现代表面技术等主干课程内容开设了金属材料的相变与组织控制、金属材料的热处理工艺及性能控制、金属材料力学性能和典型金属表面处理等系列实验；高分子材料的合成与性能主要围绕高分子化学、高分子成型等课程内容开设了常用高分子的聚合反应和聚合物的化学反应。无机非金属材料的合成与性能主要设置了无机非金属粉体材料的合成及相关粒度、表面积、密度等性能测定和无机非金属储能材料的合成、结构与性能测试及分析等实验。本书可作为材料类及相关专业学生实践教学用书，同时也可作为材料类及相关专业的科研和技术人员或从业人员的参考书。在使用本书作为教材使用时，可根据实际专业方向侧重点，合理选择相关典型实验内容进行实际教学。

　　本书综合训练实践的目的是以材料科学与工程、金属材料、材料化学、高分子化学、高分子聚合物成型加工和现代材料科学研究方法为基础，系统训练学生综合运用学到的专业理论知识去评价材料、设计材料、制备材料，使学生更深入地理解材料成分、材料结构、制备成型工艺条件与性能之间的内在的关系，增强对专业知识的理解和掌握，增强理论联系实际的能力，强化工程意识，启发创新思维，训练学生的实践动手能力和实验报告撰写能力，提高学生分析问题和解决问题的能力，培养学生从事科学研究的基本思路和方法，为其毕业设计以及从业后的研究工作打下一个坚实的基础。

　　参加本书编写的有沈喜训（第一篇 金属材料工艺与性能控制）、高立新（第二篇 高分子材料的合成与性能）和赖春艳（第三篇 无机非金属材料的合成与性能控制）。本书编写着重于应用型大学的教学，但也参考了相关高校的讲义和文献及教材，在此对文献作者表示感谢！因时间仓促，本书存在的缺陷和不足，希望广大师生提出宝贵意见。

编著者

2021 年 5 月

目　　录

第一篇　金属材料工艺与性能控制

 金属材料的相变与组织控制

1.1　铁碳相图平衡组织观察与分析实验

1.1.1　实习目的

（1）研究和了解铁碳合金在平衡状态下的显微组织。

（2）分析含碳量对铁碳合金显微组织的影响，从而加深理解成分，组织和性能之间的关系。

1.1.2　实验原理

$Fe-Fe_3C$ 平衡相图（图 1-1）是铁系二元相图中最重要的一个。根据相图，可以分析铁碳合金平衡组织的相和组织特点。所谓平衡组织，是指在一定温度、一定成分和一定压力下合金处于最稳定状态的组织，是指符合平衡相图的组织。要获得这样的组织，必须使合金发生的相变在非常缓慢的条件下进行，通常将缓冷（退火）后的铁碳合金组织看作为平衡组织。

铁碳合金是目前应用最广泛的工程材料，铁碳合金的平衡组织是研究铁碳合金性能及相变机理的基础。因此认识和分析铁碳合金的平衡组织有十分重要的意义。此外，观察和分析铁碳合金的平衡组织有助于帮助理解 $Fe-Fe_3C$ 平衡相图的建立和进一步借助相图分析问题。

1.1.2.1　铁碳合金的分类

铁碳合金可分为碳钢和白口铸铁两大类，表 1-1 列出了铁碳合金的分类和组织情况。

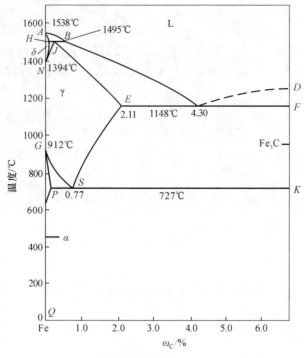

图 1-1　铁碳平衡相图

表 1-1　铁碳合金的分类和组织

材料	分类	含碳量/%	平衡显微组织
碳钢	亚共析钢	0.02～0.77	铁素体+珠光体
	共析钢	0.77	珠光体
	过共析钢	0.77～2.11	珠光体+二次渗碳体
白口铸铁	亚共晶白口铸铁	2.11～4.30	珠光体+莱氏体+二次渗碳体
	共晶白口铸铁	4.30	莱氏体
	过共晶白口铸铁	4.30～6.69	莱氏体+一次渗碳体

从表 1-1 中可以看出，铁碳合金是以其含碳量来分类的，其中含碳量小于 2.11%的称碳钢，大于 2.1%的称白口铸铁。由于含碳量的不同，它们的平衡显微组织也有很大的不同。

1.1.2.2　铁碳合金的平衡组织

表 1-1 中已经列出，铁碳合金的平衡组织共有 4 种：铁素体（α 相）、渗碳体（Fe_3C）、珠光体和莱氏体，但是从 Fe-Fe_3C 相图上可以看出，铁碳合金在常温下只有两相，即铁素体和渗碳体，由于含碳量的不同，这两个基本相的相对

量，形状和分布情况有很大的不同，因此呈现各种不同的组织形态。下面介绍一下各种显微组织的基本特征：

（1）铁素体：碳在 α-Fe 中的固溶体，碳的浓度是可变的，在727℃时达到最大溶解度，为0.0218%，在常温下，碳的浓度为0.008%左右，铁素体的硬度很低，塑性好，经4%硝酸酒精侵蚀后呈白亮色（如图1-2所示）。含碳量较低时，铁素体呈块状分布，随含碳量增加，铁素体量减少，在接近共析成分时，铁素体呈网状分布在珠光体周围。

（2）渗碳体：碳与铁的一种化合物，化学式为 Fe_3C，含碳量很高，达6.69%，坚硬而脆，抗侵蚀能力很强，经4%硝酸酒精侵蚀后成白亮色。在过共晶白口铸铁中的一次渗碳体是从液态中直接结晶成的，故呈条状分布（如图1-12所示）。在过共析钢和亚共晶白口铸铁中的二次渗碳体（如图1-8和图1-10所示）是从奥氏体中沿晶界析出的，所以呈网状分布在珠光体的周围。由于渗碳体硬度很高，所以在磨面上是突起的。

铁素体和渗碳体经4%硝酸酒精侵蚀后都呈白亮色，为了加以区别，可改用苦味酸钠溶液侵蚀（苛性钠25g，苦味酸2g，加水100mL，在100℃煮沸5~10min）。这时渗碳体被染成暗褐色（接近黑色），铁素体仍呈白亮色。如图1-9所示。

（3）珠光体：铁素体和渗碳体的两相混合物，有片状珠光体和球状珠光体两类。如图1-7~图1-9所示。

片状珠光体是经一般退火后得到的铁素体和渗碳体的片层交叠组织，经4%硝酸酒精侵蚀后，这种组织在显微镜下由于放大倍数不同而有不同的特征，在600倍以上观察时，可见珠光体中平行相间的宽条铁素体和细条渗碳体都呈白亮色，而边界呈黑色；在400倍左右观察时，由于显微镜鉴别率降低，白亮的细条渗碳体被黑色的边界所"吞没"而呈黑色，这时看到的珠光体是宽条白亮色铁素体和细条渗碳体相间；在200倍以下观察时，宽条白亮色的铁素体也难以区分了，这时的珠光体特征是暗黑色，低碳钢中的珠光体量很少，片间距细小，即使在较高倍观察时也是暗黑色的。

球状珠光体是过共析钢球化退火后的组织，片状分布的渗碳体变成了球状，经4%硝酸酒精侵蚀后，球状珠光体的特征是在白亮色的铁素体基体上分布着白色的渗碳体颗粒，它们的边界是黑色的。

（4）莱氏体：奥氏体和渗碳体的共晶体，刚由液体中结晶出来的莱氏体是渗碳体的基体上分布着颗粒状的奥氏体。共晶温度冷却时，从奥氏体中析出二次渗碳体，二次渗碳体和基体渗碳体连接起来，所以在组织中很难区分。当冷却到共析温度时，奥氏体转变为珠光体。在常温中观察到的组织已不是渗碳体和奥氏体，而是渗碳体和珠光体，但一般仍称为莱氏体或变态莱氏体（如图1-11所示）。经4%硝酸酒精侵蚀后，莱氏体的组织特征是在白色的渗碳体基体上分布着许多黑色颗粒状的小条状珠光体。

4

在亚共晶白口铸铁中，莱氏体被黑色树枝状珠光体所分割，在珠光体周围可看到一圈白亮色的二次渗碳体，在过共晶白口铸铁中，莱氏体则被粗大的白色条状一次渗碳体所分割。

1.1.2.3　显微组织照片

以下为铁碳合金各平衡组织金相图，其中图1-12的腐蚀剂为苦味酸，其余图1-2～图1-11均为4%硝酸酒精。

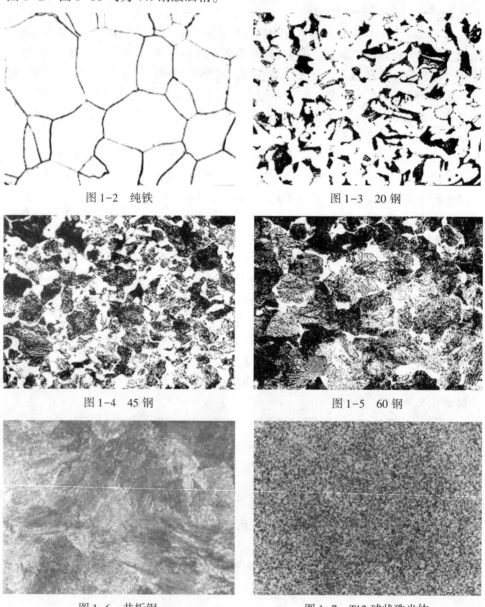

图1-2　纯铁　　　　　　　　　　　　　图1-3　20钢

图1-4　45钢　　　　　　　　　　　　　图1-5　60钢

图1-6　共析钢　　　　　　　　　　　图1-7　T12球状珠光体

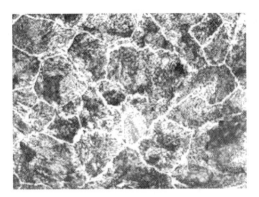

图 1-8　T12 片状珠光体

图 1-9　T12 片状珠光体

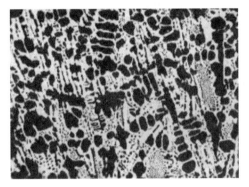

图 1-10　亚共晶白口铸铁

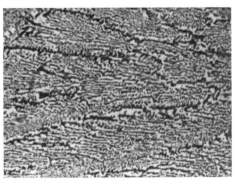

图 1-11　共晶白口铸铁

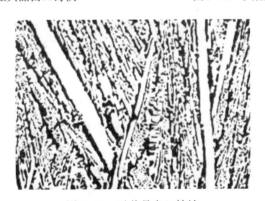

图 1-12　过共晶白口铸铁

1.1.2.4　各组织的机械性能

为了掌握铁碳合金的机械性能，必须控制各种组织的相对量，已知铁素体软而塑性好，渗碳体硬而脆，珠光体是这两相的机械性能的混合物，莱氏体则是渗碳体和珠光体的混合物。铁素体、渗碳体和珠光体的机械性能如表 1-2 所示。

表 1-2　铁素体、渗碳体和珠光体的机械性能

金相组织	硬度（HB）	抗拉强度/MPa	延伸率/%
铁素体	50～90	190～250	40～50
渗碳体	750～880	30	0
珠光体	190～230	860～900	9～12

1.1.3　实验仪器和材料

（1）碳钢试样（亚共析、共析、过共析），球状珠光体试样；

（2）白口铸铁试样（亚共晶、共晶、过共晶）；

（3）金相显微镜。

1.1.4　实验内容和步骤

（1）每人轮流在置有各种标准样品的显微镜下观察样品的形貌特征并绘图。

（2）调节显微镜的放大倍数，观察珠光体特征变化情况。

（3）对某一碳钢试样，估计其各组织所占面积的比例，估算出它的含碳量，并和标准样品含碳量对比估算误差。

1.1.5　思考题

（1）什么是平衡组织，怎样得到平衡组织？

（2）铁碳合金中主要有几个相，几个基本组织？

（3）根据相图，叙述不同含碳量的铁碳合金的结晶过程。

（4）根据各铁碳合金的显微组织，估计它们的机械性能。

（5）决定铁碳合金组织的因素是什么，为什么？

1.2　马氏体及贝氏体制备与金相组织观察实验

1.2.1　实验目的

通过本次实验了解常见马氏体和贝氏体的组织形态。

1.2.2　实验原理

1.2.2.1　马氏体

马氏体是钢中较常见和使用较广泛的组织形态。高碳、低碳和中碳 3 种马氏体都具有不同的机械性能，这是与其不同的组织状态有关的。钢中马氏体的典型

形态是板条马氏体和片状马氏体两种。低碳钢（低碳合金钢）淬火可得到板条状马氏体，高碳钢（高碳高合金）淬火可得到片状马氏体。而中碳钢（中碳合金钢）往往得到两种马氏体的混合组织。

光学显微镜下观察马氏体组织的金相特征是：

（1）板条马氏体。马氏体以尺寸大致相同的板条为单元，定向、平行排列的板条状结合成马氏体束，在同一个奥氏体晶粒中，可以有几个不同取向的马氏体束。

（2）片状马氏体。相邻马氏体片单元互不平行，不规则地分布于母相奥氏体中。先后形成的马氏体片尺寸差别很大。先形成的马氏体片可以跨越整个奥氏体晶粒，并连续地分割奥氏体，从而限制了随后形成的马氏体片的大小。有时在片状中还可观察到"脊骨"，有的马氏体片组成闪电花样。

奥氏体化温度愈高，只会使马氏体愈粗愈明显。在有些钢中，随着淬火温度的升高，形成板条马氏体的倾向会愈大。

1.2.2.2　贝氏体

淬火时，由于零件尺寸增大而受到淬透性的限制，往往会得到马氏体与贝氏体的混合组织。或者当零件采用等温淬火时也获得贝氏体组织。钢中常见的贝氏体组织形态有上贝氏体、下贝氏体。上贝氏体的高温抗蠕变性能较好，而下贝氏体具有较好的综合机械性能。近年研究得较多的是粒状贝氏体。其他还有柱状贝氏体、反常贝氏体。这几个组织状态都在一定的成分和热处理条件下才能获得。

光学显微镜下观察几种贝氏体组织的特征是：

（1）上贝氏体：成束的铁素体条互相平行，一般是羽毛状特征。铁素体条之间分布的不连续碳化物在光学显微镜下分辨不清。

（2）下贝氏体：铁素体呈单个片状，片与片常常相交。在铁素体片内沉淀有碳化物粒子，但碳化物粒子在光学显微镜下分辨不清。

（3）粒状贝氏体：由白块状的铁素体与岛状的组成物构成。

马氏体与贝氏体组织的精细结构必须借助于电子显微镜以及 X 射线等方法来鉴别。通过光学显微镜只能观察到金相组织的主要特征及形态。

1.2.3　实验仪器和材料

金相试样（20 钢、60 钢、T8 钢、T12 钢、60Si2Mn、18CrNiW、铸铁）和金相显微镜。

1.2.4　实验内容与步骤

每人根据表 2-1 的热处理工艺对表中钢进行热处理，并观察下列经各种热处理后的试样的金相组织。

1.2.5　数据处理

（1）将观察到的组织填写到表 1-3 中。

表 1-3　不同钢种经各种热处理后的试样的金相组织

序号	钢种	热处理工艺	组织
1	20	940℃加热，淬冰盐水	
2	20	1100℃加热，淬冰盐水	
3	T8	780℃加热，淬冰盐水	
4	T8	1100℃加热，淬冰盐水	
5	60	1100℃加热，淬冰盐水	
6	铸铁	淬火	
7	T12	780℃加热，淬火	
8	60Si2Mn	900℃加热，420℃等温	
9	T8	900℃加热，300℃等温 5min 水冷	
10	18CrNiW	870℃加热，100℃/时炉冷	

（2）分析表 1-3 中所列钢的金相组织形成的原因。

1.2.6　思考题

（1）试分析含碳量、奥氏体化温度对马氏体形态的影响。
（2）简述上贝氏体、下贝氏体、粒状贝氏体的组织特征。

1.3　钢的相变临界点的测定实验

1.3.1　实验目的

（1）学会用硬度法和金相法测定钢的相变临界点。
（2）掌握用理论公式大致估计钢的相变临界点。

1.3.2　实验原理

钢的临界点是研究相变及确定热处理工艺的重要参数。测定临界点的方法很多，例如已学习过的热分析法就是一种。此外，尚有硬度法、金相法、磁性法、膨胀法及 X 射线法等。不同条件可选用不同方法。本实验采用硬度法辅以金相法。

组织状态不同的钢其硬度也不同，马氏体的硬度显著高于铁素体、珠光体等组织。因此，钢在退火状态的硬度是很低的。如果加热温度低于临界点，加热过程中组织不发生变化，因此加热淬火后的硬度也不会发生变化。加热温度超过临界点，发生珠光体向奥氏体的转变，淬火后奥氏体转变为马氏体，因而硬度也显著提高（图 1-13）。根据钢的硬度变化规律，即可求出钢的临界点。

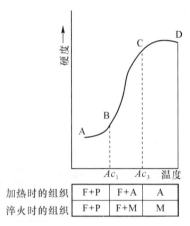

| 加热时的组织 | F+P | F+A | A |
| 淬火时的组织 | F+P | F+M | M |

图 1-13 亚共析钢不同温度加热、淬火后的硬度变化

硬度法测定临界点受到一定的限制。当软基体组织中出现少量马氏体时（2% ~ 3%），硬度会提高 3 ~ 4HRC，此时硬度法测定 Ac_3 点是很敏感的。但是当基体组织大部分已转变为硬的马氏体后，即使残留 10% 的软的铁素体，对整个硬度值影响仍然是很小的，亦即硬度法测定 Ac_3 很不敏感，需要用金相法进行补充、对照。

亚共析钢当加热温度达到 Ac_1 点时，珠光体转变为奥氏体，淬火后，这部分奥氏体转变为马氏体。如转变完全，这部分转变量与原始组织中的珠光体量相等。显微镜下观察到"F+M"组织。加热温度提高到 Ac_1 与 Ac_3 之间时，铁素体不断溶入奥氏体中，温度愈高，溶入量愈大，看到白色的先共析铁素体量逐渐减少。当加热温度提高到先共析铁素体量降至 1% 以下的温度，则可认为加热温度已接近 Ac_3 点了，显微镜下观察到的几乎全部是 M 组织。加热温度超过 Ac_3 点，只是在显微镜下观察到的马氏体针更为粗大，并无其他组织变化。

1.3.3 实验仪器和材料

40Cr 试样、加热炉、硬度计、金相显微镜。

1.3.4　实验内容和步骤

（1）8 人为一大组，4 人为一小组。一组测 Ac_1；另一组测 Ac_3。

（2）每人领取一块 40Cr 试样，实验前检查试样的组织状态和硬度。

（3）根据钢材成分，按经验公式计算 Ac_1 和 Ac_3 值，决定试验加热温度，每人做一个温度。

（4）试样放入加热炉，准确控制炉温。

（5）保温 10min 后，试样迅速淬入盐水。

（6）打磨淬火的样品，用砂轮或粗砂纸把表面氧化层、脱碳层去除，测定其硬度值。

（7）把试样制成金相试样，在显微镜下观察其组织。

1.3.5　显微组织照片

图 1-14 ~ 图 1-18 为淬火后的显微组织，腐蚀剂均为 4% 硝酸酒精。

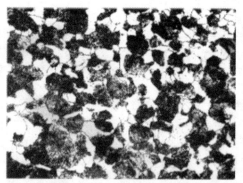

图 1-14　40Cr 720℃水淬

图 1-15　40Cr 750℃水淬

图 1-16　40Cr 770℃水淬

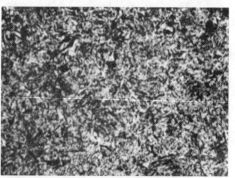

图 1-17　40Cr 790℃水淬

图 1-18　40Cr 810℃水淬

1.3.6　数据处理

（1）根据理论计算公式大致估计钢的临界点温度，从而确定奥氏体化的加热温度。适用于一般低合金钢（如 40Cr 见表 1-4）与碳钢的估计公式为（℃）：

对于 Ac_1：奥氏体化温度 $=723+25Si-7Mn+15Cr+40Mo+15Ni+30W+50V$

对于 Ac_3：奥氏体化温度 $=854-180C+44Si-14Mn-1.7Cr-17.8Ni$

表 1-4　40Cr 钢的化学成分

合金元素	C	Si	Mn	Cr
质量分数/%	0.37 ~ 0.45	0.20 ~ 0.40	0.50 ~ 0.80	0.80 ~ 1.10

在 Ac_1 和 Ac_3 点附近计算并选定温度，间隙10℃左右，当然间隙越小越精确。

（2）金相观察时，会看到珠光体、马氏体和先共析铁素体共存的情况。这往往是由于在 Ac_1 温度下加热时间不足，奥氏体化不完全，部分珠光体来不及转变，因此还会保留了珠光体，也可能因淬火冷却速度不够，某些部位就形成了珠光体。

1.3.7　思考题

（1）试分析影响本实验准确性的因素有哪些？

（2）根据全组实验结果，绘出40Cr钢的硬度-加热温度曲线，并求出相变临界点 Ac_1 和 Ac_3。

1.4　二元、三元合金的显微组织分析实验

1.4.1　实验目的

（1）了解和熟悉最基本的二元合金相图。

（2）研究和分析共晶型和匀晶型合金的结晶过程和组织。

（3）了解和熟悉三元共晶型合金相图，研究三元共晶型合金中典型成分合金的结晶过程和组织。

1.4.2　实验原理

1.4.2.1　二元合金

合金至少是由两个组元组成的，由两个组元组成的合金称为二元合金。二元合金相图大致可分为匀晶型、共晶型、包晶型、偏晶型和形成化合物型 5 类。其中最基本的是匀晶型和共晶型。

A　共晶型

Pb-Sn 二元合金相图（图 1-19）是一个典型的共晶型相图。其中 $t_A E t_B$ 为液相线，$t_A M N t_B$ 为固相线，ME 和 NG 分别为 Sn 溶于 Pb 中和 Pb 溶于 Sn 中的溶解曲线，也叫固溶线。在这个合金系中有 3 个最基本的相 L、α 和 β，其中 L 为高温相，冷凝后就不存在了。α 相是 Sn 溶解于 Pb 中的固溶体，β 是 Pb 溶解于 Sn 中的固溶体。从相图中可以看到，这两种固溶体在常温下的溶解度很小，特别是 β 相，在常温下已经基本上没有溶解度了。

E 点称为共晶点，它的成分为 38.1% Pn+61.9% Sn。该成分的合金称为共晶合金（如图 1-24 所示），在冷却到 t_E（183℃）时，成分为 E 的液相同时转变为成分为 M 的 α 相和成分为 N 的 β 相，即得到两个固溶体的共晶。L $\rightleftharpoons$ α+β，经盐酸侵蚀后，α 相呈黑色，β 相呈白色，其组织为黑白相间的两相共晶混合物。

成分在 M 点左面，即 Sn 含量小于 19.5% 的合金，冷却时首先析出 α 固溶体，随着温度下降，液体温度下降，液体全部结晶为 α 固溶体。当温度继续冷却时，由于 Sn 在 Pb 中的固溶度逐渐减少，从 α 固溶体中析出过剩的 Sn，它以 β 固溶体的形式出现，称为次生 β 固溶体，或称为 $β_{II}$，以区别从液相中直接结晶的初生 β 固溶体，该合金的纤维组织为黑色的 α 固溶体基体上分布着白色颗粒状的 $β_{II}$ 固溶体。如图 1-22 所示。

成分在 M 点和 E 点之间的合金称为亚共晶合金（如图 1-23 所示）。冷却时首先从液相中析出 α 固溶体，冷却到共晶温度时，α 相停止结晶，发生共晶转

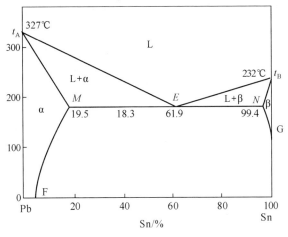

图 1-19　Pb-Sn 二元合金相图

变，其组织为 α+（α+β）共晶，冷却至室温，其组织为 α+β_Ⅱ+（α+β）。其中 α 固溶体呈黑色树枝状，在晶内可看到次生 β 固溶体的白色小颗粒，在枝晶间黑白相间的是 α+β 的共晶体。

　　成分在 E 点和 N 点之间的合金称为过共晶合金（如图 1-25 所示），这类合金的结晶过程和亚共晶合金相似，所不同的是先共晶相是 β 固溶体，结晶后的组织为 β+（α+β）共晶，其中 β 固溶体为白色圆形。由于 Pb 在 Sn 中的溶解度非常小（183℃时最大仅 0.6%），所以在 β 固溶体上看不到次生 α 固溶体。

　　B　匀晶型

　　所谓匀晶型即两个组元在液态和固态都是完全互溶的。由液态缓慢冷却时，可得到均匀的单相固溶体组织。但在快速冷却时，由于两个组元的熔点不一致，扩散速度赶不上结晶速度，容易产生晶内偏析。由于固溶体的结晶总是以枝晶方式成长，所以又称枝晶偏析。高温退火（固相线以下 100℃长时间保温缓冷）即可消除枝晶偏析，得到均匀的固溶体晶粒。

　　Cu-Zn 合金，又称黄铜，它们的二元系相图是非常复杂的，但是在 Cu 含量大于 70% 时，Zn 在 Cu 内可以完全溶解。Cu-Zn 相图的富铜部分完全符合匀晶相图的特征，这样成分的合金在结晶后即可得到 Zn 在 Cu 内溶解的单相固溶体 α-黄铜，其组织为均匀的等轴晶粒。

　　1.4.2.2　三元合金

　　三元合金是指由三个组元组成的合金。由于三个组元中每两个组元所组成的合金相图具有不同的类型，在组成三元合金后形成了各种不同类型的三元合金相图。三元合金相图和二元合金相图一样，有些很简单，有些很复杂。为此，熟悉和掌握三元相图中最基本的三元共晶型相图，观察和分析典型成分合金的显微组织，对进一步掌握其他类型的三元合金相图是十分有意义的。

A　相图分析

如图 1-20 所示，其中 A、B、C 三组元在液态完全互溶，在固态完全不互溶。

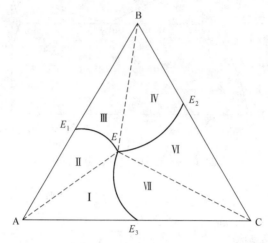

图 1-20　三元共晶型合金相图（投影图）的示意图

投影图上的 3 个顶点分别代表 A、B、C 纯组元；三条边分别代表 3 个二元共晶型合金 A-B、B-C、A-C，它们的共晶点分别为 E_1、E_2、E_3，E 点代表三元共晶点，即成分为 E 合金，在一定温度下液相和 A、B、C 平衡存在，其转变式可写为：$L(E) = A+B+C$。

三条实曲线（E_1E、E_2E、E_3E）和三条虚直线（AE、BE、CE）把投影图分为六个三角形区域。在投影图上确定成分点的位置后，便可根据成分点的位置分析合金的冷凝过程和确定最终组织成分。成分点位置和组织组成物的关系列于表 1-5。

表 1-5　成分点位置和组织组成物的关系

成分点位置	组织组成物
Ⅰ	晶体 A+二元共晶（A+C）+三元共晶（A+B+C）
Ⅱ	晶体 A+二元共晶（A+B）+三元共晶（A+B+C）
Ⅲ	晶体 B+二元共晶（B+A）+三元共晶（A+B+C）
Ⅳ	晶体 B+二元共晶（B+C）+三元共晶（A+B+C）
Ⅴ	晶体 C+二元共晶（C+B）+三元共晶（A+B+C）

成分点位置	组织组成物
Ⅵ	晶体 C+二元共晶（A+B）+三元共晶（A+B+C）
AE	晶体 A+三元共晶（A+B+C）
BE	晶体 B+三元共晶（A+B+C）
CE	晶体 C+三元共晶（A+B+C）
E_1E	二元共晶（A+B）+三元共晶（A+B+C）
E_2E	二元共晶（B+C）+三元共晶（A+B+C）
E_3E	二元共晶（C+A）+三元共晶（A+B+C）
E 点	三元共晶（A+B+C）

从表 1-5 中可以明确地看到，不管是什么成分的合金，在结晶完成后的组织中都有三元共晶。另外，还可以看出，实曲线是不同的单元晶体的分界线，虚直线则是不同的二元共晶的分界线。

B 结晶过程和组织

为了直观地分析合金的结晶过程和组织情况，选择有代表性的 Bi-Pb-Sn 三元共晶型合金作为研究对象，分析其典型成分合金的结晶过程。从图 1-21 所示的 Bi-Pb-Sn 三元合金相图（投影图）的富 Bi 角部分可以看出，这是一种典型的三元共晶型合金。A、B、C、D 的 4 个点代表 4 种典型成分合金，它们的精确成分分别为：

A：66% Bi+5% Pb+29% Sn；

B：60% Bi+25% Pb+15% Sn；

C：58% Bi+16% Pb+26% Sn；

D：51% Bi+32% Pb+17% Sn。

下面简单分析这 4 种成分合金的结晶过程。

合金 A 位于三角形 $BiEE_2$ 区域内，在结晶过程中，首先析出晶体 Bi，继续冷却时，晶体 Bi 停止析出，而开始析出（Bi+Sn）二元共晶，再冷却到三元共晶温度时，形成细小的（Bi+Pb+Sn）三元共晶，结晶后的最终组织应为晶体 Bi+二元共晶（Bi+Sn）+三元共晶（Bi+Pb+Sn），如图 1-29 所示。

合金 B 位于虚直线 BiE 上，在晶体 Bi 停止析出后，便形成三元共晶，它的最终组织是晶体 Bi+三元共晶（Bi+Pb+Sn），如图 1-27 所示。

合金 C 位于实曲线 E_1E，在结晶的开始阶段，首先析出的是（Bi+Sn）二元共晶，当二元共晶析出停止后，再形成三元共晶，因此它的最终组织是二元共晶

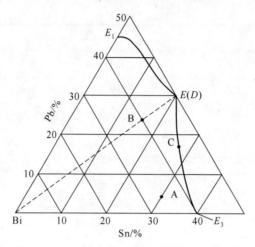

图 1-21　Bi-Pb-Sn 三元合金相图（投影图）

（Bi+Sn）+三元共晶（Bi+Pb+Sn），如图 1-28 所示。

　　合金 D 的位置和 E 点重合，在结晶后形成的组织中只有三元共晶（Bi+Pb+Sn），如图 1-26 所示。

1.4.3　实验仪器和材料

　　（1）标准试样。

Pb-Sn 合金：38.1% Pb+61.9% Sn；

　　　　　　　90% Pb+10% Sn；

　　　　　　　70% Pb+30% Sn；

　　　　　　　20% Pb+80% Sn。

Cu-Zn 合金：70% Cu+30% Zn。

Bi-Pb-Sn 合金：66% Bi+5% Pb+29% Sn；

　　　　　　　　60% Bi+25% Pb+15% Sn；

　　　　　　　　58% Bi+16% Pb+26% Sn；

　　　　　　　　51% Bi+32% Pb+17% Sn。

　　（2）金相显微镜。

1.4.4　实验内容和步骤

　　对已制备好的标准试样进行观察并绘制组织图。

1.4.5　显微组织照片

　　图 1-22～图 1-29 所示的显微组织试样的腐蚀剂均为盐酸。

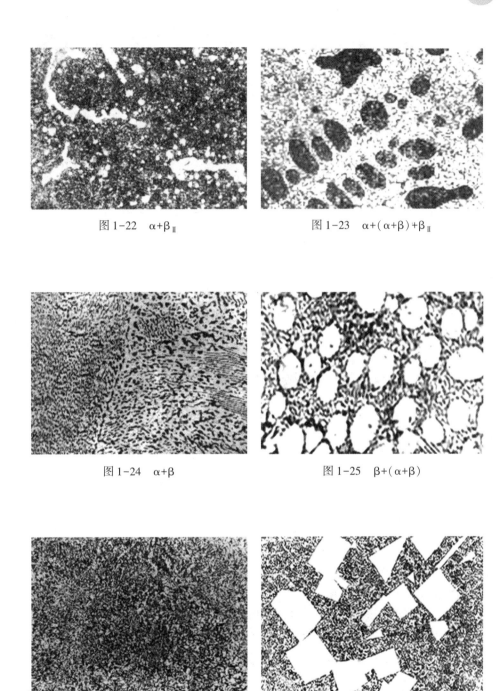

图 1-22 α+β$_{II}$

图 1-23 α+(α+β)+β$_{II}$

图 1-24 α+β

图 1-25 β+(α+β)

图 1-26 三元共晶

图 1-27 Bi+三元共晶

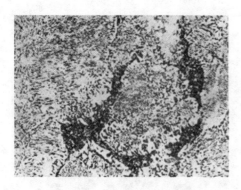
图 1-28 （Bi+Sn）+三元共晶

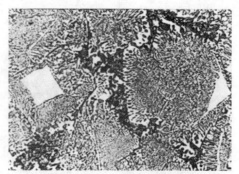
图 1-29 Bi+（Bi+Sn）+三元共晶

1.4.6 思考题

（1）二元共晶型相图有什么特征？

（2）先共晶相是如何产生的，有什么特征？

（3）三元共晶型相图有什么特征？

1.5 钢的淬透性的测定与分析实验

1.5.1 实验目的

（1）掌握用端淬法测量钢的淬透性。

（2）了解合金元素对钢的淬透性的影响。

1.5.2 实验原理

所谓钢的淬透性，是指钢淬火能够得到的淬硬层深度，通常规定自钢的表面至半马氏体组织（即含 50% M+50% T）的距离为淬透层深度，半马氏体硬度与碳含量之间关系如图 1-30 所示。

钢淬透性的大小取决于淬火临界冷却速度 $v_{临}$。$v_{临}$ 越小，淬透性越大。凡是使 C 曲线右移的合金元素均能增加钢的淬透性。如：Cr、Mo、Mn、W、Ti 等，Co 则相反，它使 C 曲线左移，因而降低钢的淬透性。

测定钢淬透性方法有两种，即圆柱体截面硬度法与顶端淬火法。

1.5.2.1 圆柱体截面硬度法

取一根足够长，且直径较大的钢棒进行淬火，然后自其中截取一切片，沿切片二相互垂直的直径上测量硬度，做出硬度-直径图，如图 1-31 所示。

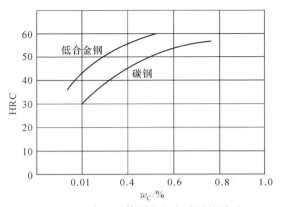

图 1-30 半马氏体硬度与含碳量的关系

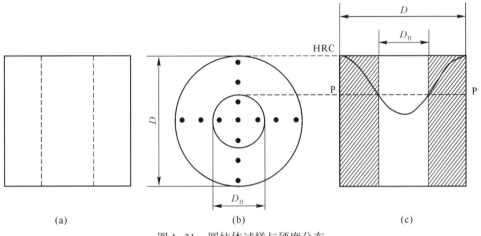

(a)   (b)   (c)

图 1-31 圆柱体试样与硬度分布

(a) 侧视图；(b) 俯视图；(c) 硬度分布

图 1-31 中，D 为试样直径，由图看出，试样表面硬度最大，自表面向中心处硬度降低。如果 P-P 为半马氏体硬度，h 为淬透层硬度，则 D_H 为未淬透的直径，淬透性大小可用 h 值或 D_H/D 来表示。D_H/D 越小，淬透性越大。

为了不受介质冷却速度的影响，引入"理想临界直径"，用 D_∞ 表示。它表示在以散热速度为无限大的理想介质中淬火时全部淬透的最大直径。如果 D_∞ 已知，则在其他如水、油、空气中淬火的 $D_临$ 可由布兰切尔图查出。

测定理想临界直径最简单的方法是顶端淬火法。

1.5.2.2 结构钢的末端淬火法

该法采用标准试样（如图 1-32 所示），试验前先将试样正火。试验时，将试样放入炉内，按该钢种的标准奥氏体化温度加热（加热时注意切勿使试样氧化和脱碳），保温 30~40min，然后迅速取出放在专用的淬火设备上。试验时，水柱高度，试样的放置位置如图 1-33 所示。

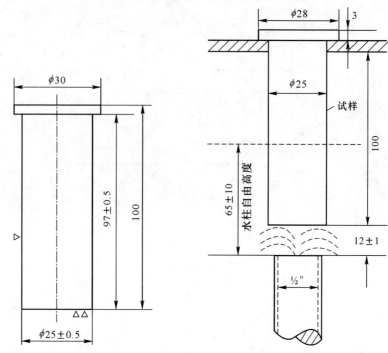

图 1-32　末端淬透性试验用标准试样尺寸　　　图 1-33　末端淬火法示意图

由于试样由下而上冷却，所以下端冷速最大，随着与下端距离增加，冷速缓慢，因而组织和硬度都相应变化。

若将冷却后的试样，沿长度方向测量表面硬度，则可绘出如图 1-34 所示的端淬曲线，根据端淬曲线，由半马氏体硬度与含碳量的关系图找出半马氏体硬度，就可找出该钢 50% M 点至顶端的距离 x，已知 x 便可从布兰切尔图（图 1-35）上找出 D_∞，同时按箭头方向，便可找到该钢在不同冷却介质冷却时的 $D_{临}$。

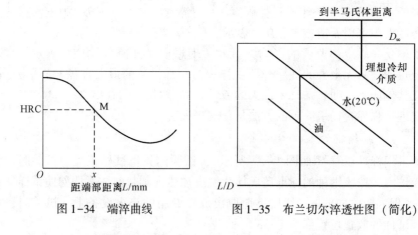

图 1-34　端淬曲线　　　　　图 1-35　布兰切尔淬透性图（简化）

1.5.3 实验仪器和材料

（1）材料：45 钢、40Cr 钢；

（2）加热炉：箱式加热炉；

（3）顶端淬火设备；

（4）硬度计、钢皮尺。

1.5.4 实验内容和步骤

（1）全班分成 8 大组，每大组分两个小组，每小组领取一个端淬试样（其中一个小组领取 45 钢，另一个小组领取 40Cr 钢）。

（2）将试样放在装有木炭的盒中于加热炉内加热（45 钢为 840℃，40Cr 为 860℃），保温 30min，调整端淬设备的喷嘴水柱，使其为（65±5）mm，同时使试样端部离喷嘴口距离 12.5mm。

（3）试样保温时间已到，用钳子夹牢试样的顶肩（φ30mm 处）迅速放到试样支架上进行末端淬火，要求试样自炉内取出至水淬开始时间不得超过 5s，冷却时间不得小于 10min，水淬时试样轴线应始终对准水口中心线，水压应固定。试样末端水淬大于 10min 后，应将试样整体投于水中冷透，以免试样余热散出，使试样发生自回火现象。

（4）淬火后，将试样在砂轮机上沿长度方向磨出 0.2～0.5mm 深的相互平行的两平面，然后从端部开始，每隔 1.5mm 测量一次硬度，直至硬度不降低为止。

（5）将记录下的硬度与相应距离绘制成图。

1.5.5 数据处理

（1）绘制硬度–距离曲线（即淬透性曲线）。

（2）比较两组钢的淬透性曲线。

1.5.6 思考题

简述顶端淬火法原理和方法。

1.6 钢的金相组织中晶粒度测量实验

1.6.1 实验目的

（1）学习掌握金相组织中晶粒度的测量方法。

（2）学习掌握金属材料微区组分定量金相。

1.6.2 实验原理

材料的晶粒的大小叫晶粒度。它与材料的有关性能密切相关，因此测量材料的晶粒度有十分重要的实际意义。

材料的晶粒度一般是以单位测试面积上的晶粒的个数来表示的。目前，世界上统一使用的是美国的 ASTM 推出的计算晶粒度的公式：

$$N_A = 2^{G-1}$$

$$G = \frac{\lg N_A}{\lg 2} + 1$$

式中　G——晶粒度级别；

　　N_A——显微放大 100 倍下 6.45cm²（1in²）的面积上晶粒的个数。

材料科学的进展已逐渐揭示了组织与性能的定量关系。定量金相方法是利用点、线、面和体积等要素来描述显微组织的定量特征的。

最常用的测量方法包括：比较法、计点法、截线法、截面法及联合截取法等。

常用显微组织参数的测定主要有：晶粒大小的测量、第二相的相对量测定和第二相间距的测量。

1.6.3 实验设备及材料

（1）XJL-03 型金相显微镜；

（2）PL-A600 Series Camera Kit Release 3.2 型数码摄像系统；

（3）DT2000 图像分析系统；

（4）XJP-100 型金相显微镜；

（5）45 钢样品；

（6）擦镜纸、洗耳球。

1.6.4 实验内容和步骤

采用"金相样品的制备与显微组织的显露"实验所制备的 45 钢金相试样进行以下内容的实验：

（1）用 XJP-100 型金相显微镜测量 45 钢样品金相组织中珠光体平均晶粒度及铁素体的面积分数：

1）用带刻度的 10 倍目镜与 40 倍物镜构成 400 倍的显微观察；

2）选择一个合适的视域，测量视域中珠光体晶粒的等效圆直径尺寸的目镜刻度值，至少选择有代表性的晶粒40个进行测量，将所测量的目镜刻度值转换成实际长度，计算出所测量珠光体的平均晶粒度；

3）选择一个合适的视域，用截线法测量视域中铁素体晶粒所占的相对量。

（2）用 XJL-03 型金相显微镜、PL-A600 Series Camera Kit Release 3.2 型数码摄像系统及 DT2000 图像分析软件测量 45 钢样品金相组织中铁素体、珠光体晶粒大小，铁素体、珠光体面积分数及晶粒间距：

1）用 XJL-03 型金相显微镜，10 倍目镜与 25 倍物镜构成 250 倍的显微观察。

2）图像采集，用 PL-A600 Series Camera Kit Release 3.2 型数码摄像系统及 DT2000 图像分析软件将图像采集到程序的主界面中，在主界面将该图像直接以 JPG 的格式存到磁盘，以便分析，同时采集窗口关闭。

3）图像定标、叠加标尺，在图像测量菜单中对图像进行"定标"，在编辑菜单中"叠加标尺"后保存图像。

4）测量铁素体晶粒大小、相对量及晶粒间距：图像中的浅色是铁素体晶粒，在测量中计算机习惯处理深色部分，所以在图像处理菜单中对图像进行"图像反相"，使颜色发生逆转，将铁素体晶粒变成深色；在目标处理菜单中进行"自动分割"，铁素体晶粒变成红色，对连在一起的晶粒进行"颗粒切分"，每个晶粒间出现明显界线。在编辑菜单中进行"测量设置"，测量晶粒度只选取参数"等效圆直径"即可。在图像测量菜单中进行"目标测量"，自动显示出图像中铁素体相对量，先记录数据，再进行数据传送到 Excel 并保存。铁素体相间距的测量时，在图像测量菜单中进行"直线测量"，测定 10 个点，选择时注意选择颗粒附近，不要跳跃太大，数据传送 Excel 并保存。

5）测量珠光体的晶粒大小、相对量及晶粒间距：图像中的深色是珠光体晶粒，在目标处理菜单中进行"自动分割"，珠光体晶粒变成红色，对连在一起的晶粒进行"颗粒切分"，每个晶粒间出现明显界线。在编辑菜单中进行"测量设置"，测量晶粒度只选取参数"等效圆直径"即可。在图像测量菜单中进行"目标测量"，自动显示出图像面积中珠光体相对量，先记录数据，再进行数据传送到 Excel 并保存。珠光体相间距的测量则在图像测量菜单中进行"直线测量"，测定 10 个点，选择时注意选择颗粒附近，不要跳跃太大，将数据传送到 Excel 并保存。

1.6.5　数据处理

将实验数据整理并填入表 1-6 中。

表 1-6　实验记录表

序号	珠光体晶粒度/μm		铁素体晶粒度/μm	相间距测量		
	镜下观察	DT2000 图像分析	DT2000 图像分析	序号	铁素体	珠光体
1				1		
2				2		
3				3		
				10		
				平均		
				相对量测量 （标尺单位 μm）		
					铁素体	珠光体
				总视场		
				目标		
40				目标/ 视场		
平均						

1.6.6　思考题

（1）在放大 400 倍的金相显微镜下观察（测量），并和 DT2000 图像分析软件测量结果进行比较。

（2）简述晶粒度对钢的性能的影响。

（3）简述定量金相方法的优缺点。

1.7　金属的塑性变形与再结晶实验

1.7.1　实验目的

（1）了解工业纯铁经冷塑性变形后，变形程度对硬度和显微组织的影响。

（2）研究变形程度对工业纯铝再结晶退火后经历晶粒大小的影响。

（3）观察形变孪晶和退火孪晶。

1.7.2　实验原理

在外力作用下，应力超过金属的弹性极限时金属所发生的永久变形称为塑性变形。纯金属经受塑性变形后，不但其外形发生变化，而且晶粒内部也发生明显的变化。随着变形程度增大，晶粒逐渐沿受力方向发生变形，如工业纯铁试样在经受压缩时，内部晶粒将由多边形等轴状压成扁平形状，其压扁方向与压力方向是一致的。在被压扁的晶粒内部可观察到一些滑移带，滑移带的数量和分布方向均随变形程度而变化，变形程度不小于70%的工业纯铁（α-Fe），将呈现"纤维"组织。

金属发生塑性变形主要是通过滑移方式进行的，而滑移则是由滑移面上的位错运动造成的，经冷塑性变形后的金属会增加结构缺陷，如位错密度将从$10^{6\sim8}/cm^2$增至$10^{12}/cm^2$；随着变形程度增加，可激发出取向不同的多系滑移，此时，位错就会产生交割。位错交割时，交点处的应力状态比较复杂，位借运动就会受到阻碍，从而造成明显的加工硬化现象。在本实验中，将测定变形程度为0%、30%、50%、70%的工业纯铁试样的硬度，并在金相显微镜下观察其晶粒形状和滑移带数量及其取向情况，以便了解工业纯铁经冷塑性变形后，变形程度对硬度和显微组织的影响。

冷塑性变形后的金属组织是不稳定的，在加热时会发生回复、再结晶和晶粒长大等过程。当加热温度较高时，原子活动能力增加，此时晶粒外形开始发生变化，从变形拉长的晶粒变成无畸变的新等轴晶粒，这一变化过程实质上也是一个新晶粒重新形核和成长的过程，但它只是晶粒外形和内部滑移带发生变化，而新晶粒的点阵（晶格）类型仍与旧晶粒相同，因此称这一过程为再结晶，以此与重结晶相区别。再结晶完成后，变形金属的加工硬化现象得以消除。金属的机械性能将取决于再结晶后的晶粒大小，再结晶后的晶粒大小则受再结晶前的变形程度、退火温度等因素所控制。金属的变形程度越大，则再结晶形核率越高，再结晶后的晶粒便越细。金属能进行再结晶的最小变形程度通常在2%~8%范围内，此时再结晶后的晶粒特别粗大，称此变形程度为临界变形程度。大于临界变形程度后随着变形程度的增加，再结晶后晶粒逐渐细化。生产中应尽可能避免在临界变形程度范围内加工，以免形成粗大晶粒而降低机械性能。在本实验中将研究变形程度为0%、1%、2%、3%、4%、6%、8%、10%的工业纯铝拉伸试样，对在580℃温度下再结晶退火半小时后的晶粒大小的影响。

金属发生塑性变形还可通过孪生方式进行。孪生是一个发生在晶体内部，产生孪晶的均匀切变过程，孪晶本身是一个晶体中的变形区域，它与相邻未变形区域的晶体取向互成镜面对称关系。形变孪晶的产生与金属的点阵类型和层错能的高低等因素有关，如密排六方金属（Zn，Mg 等），易以孪生方式变形而产生孪晶，层错能较低的奥氏体不锈钢亦产生形变孪晶。工业纯铁为体心立方金属，它只有在 0℃ 以下受冲击载荷时，才易产生孪晶。在本实验中，可用金相显微镜观察到，经过塑性变形的锌中所产生的变形孪晶，其形貌犹如扁豆又如透镜。有些金属的形变孪晶很狭窄、只能在透射电子显微镜下得到分辨。

　　某些形变金属再结晶退火后，在纤维组织中常常可以看到退火孪晶，在本实验中，将用金相显微镜观察 α 黄铜的退火孪晶，其边很直而且彼此平行，并显示其颜色与基体不同。

1.7.3　实验仪器和材料

1.7.3.1　实验设备

（1）箱式电炉，热电偶及控温仪表；

（2）洛氏硬度计：载荷 980N（100kgf），用 HRB 标尺；

（3）卡尺，打记号工具；

（4）小型手动拉伸机；

（5）金相显微镜。

1.7.3.2　实验材料

（1）变形程度为 0%、30%、50%、70% 的工业纯铁试样两套，其中一套试样用于测定硬度，另一套为已制备好的金相标准试样，用于观察组织。

（2）具有纤维组织的工业纯铁的幻灯片。

（3）尺寸为 160mm×20mm×0.5mm 的退火状态工业纯铝试片。

（4）黄铜退火孪晶的金相标准试样和幻灯片。

（5）锌形变孪晶的金相标准试样和幻灯片。

（6）奥氏体不锈钢的形变孪晶透射电镜幻灯片。

1.7.4　实验内容和步骤

1.7.4.1　测定工业纯铁的硬度（HRB）与变形程度的关系

　　已知工业纯铁试样在经受压缩时的变形程度分别为 0%、30%、50%、70%，设 ε 为变形程度，h_0 为试样的原始厚度（mm），h_1 为试样压缩变形后的厚度（mm），则变形程度可用下列公式求得：

$$\varepsilon = \frac{h_0 - h_1}{h_0} \times 100\%$$

测量变形试样和原始试样的硬度，每个试样至少测三点，取其平均值，然后将试验结果列入"变形与硬度关系"的表内。根据表中数据，以变形程度为横坐标，硬度为纵坐标，绘出硬度与变形程度关系曲线。

1.7.4.2　研究变形程度对工业纯铝片再结晶退火后晶粒大小的影响

每组学生领取 8 片工业纯铝（退火状态，具有均匀的微细晶粒）试样。在该试样中段划出相距 100mm 的刻度，然后分别在小型手动拉伸机上拉伸到指定的变形程度（即 0%、1%、2%、3%、4%、6%、8%、10%）。拉伸时，速度要慢，施力均匀，拉伸变形结束时，需停 2～3min 后才将试样取下。铝片试样打上记号，对不同变形程度试样加以区别。接着将这一套变形铝片试样置于 580℃ 电炉中加热半小时，进行再结晶退火。在炉中加热时，要保证所有铝片试样受热均匀，切忌将它们叠放在一起或放在炉底板上，最好在特制的支架上，将它们尽量分开并搁起，从炉内取出冷却后，即用混合酸 [HCl 45%、HNO_3 15%、HF（浓度为 48%）15%、H_2O 25%] 进行侵蚀，当表面出现清晰的晶粒时，可用水冲洗并吹干。然后数出每个铝片试样上单位面积（$1cm^2$）内的晶粒数目（N），而晶粒大小可由（$1/N$）求得，将试验结果（N 和 $1/N$）列入"变形程度与晶粒数目、晶粒大小关系"的表内，然后根据表中数据，以变形程度为横坐标，晶粒大小（$1/N$）为纵坐标，绘出在 580℃ 下 0.5h 再结晶退火后，工业纯铝片晶粒大小与变形程度关系曲线。

1.7.4.3　在金相显微镜下观察以下显微组织并放映幻灯片

（1）压缩变形程度为 0%、30%、50%、70% 工业纯铁的金相标准试样中晶粒形状、滑移带数量及其取向随变形程度变化的情况（绘出纤维组织变化示意图）。

（2）变形程度不小于 70% 的工业纯铁中的纤维组织（幻灯片）。

（3）锌的形变孪晶（绘出示意图）。

（4）α 黄铜的退火孪晶（绘出示意图）。

（5）奥氏体不锈钢的形变孪晶（透射电镜幻灯片）。

1.7.5　数据处理

（1）根据"变形程度与硬度关系"表，绘出硬度与变形程度的关系曲线，并对此曲线加以说明。

（2）根据"变形程度与晶粒数目、晶粒大小关系"表，绘出晶粒大小与变形程度的关系曲线，并对此曲线加以说明。

（3）绘出工业纯铁显微组织随变形程度而变化的示意图。

（4）绘出锌的形变孪晶和 α 黄铜的退火孪晶的示意图。

1.7.6 显微组织照片

图 1-36 ~ 图 1-39 为不同变形程度工业纯铁显微组织照片图。

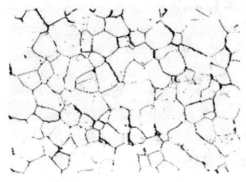

图 1-36 纯铁 0% 变形程度

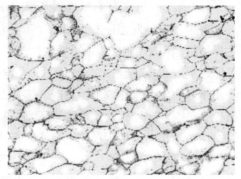

图 1-37 纯铁 30% 变形程度

图 1-38 纯铁 50% 变形程度

图 1-39 纯铁 70% 变形程度

2 钢的热处理工艺及性能控制

2.1 热处理工艺控制实验

2.1.1 实验目的

(1) 掌握常规热处理（退火、正火、淬火、回火）工艺及操作方法。

(2) 掌握常用材料热处理工艺规范的制定。

(3) 根据金属材料的成分和实际应用要求，能合理制定热处理工艺。

(4) 研究热处理对材料性能和组织的影响。

(5) 掌握成分、组织、性能三者之间的变化规律。

2.1.2 实验原理

热处理是一种很重要的热加工工艺方法，也是充分发挥金属材料性能潜力的重要手段。热处理的主要目的是改变钢的性能，其中包括使用性能和工艺性能。钢的热处理工艺特点是将钢加热到一定的温度，经一定时间的保温，然后以某种速度冷却下来，通过这样的工艺过程可以使钢的性能发生改变，其基本过程包括：将钢加热到选定温度，在该温度下保持一段时间，然后用选定的冷却速度进行冷却。

2.1.2.1 加热温度选择

A 退火工艺及加热温度

钢的退火通常是把钢加热到临界温度 Ac_1 或 Ac_3 以上，保温一段时间，然后缓缓地随炉冷却。此时，奥氏体在高温区发生分解而得到比较接受平衡状态的组织。一般亚共析钢加热至 Ac_3+(30～50)℃（完全退火）；共析钢和过共析钢加热至 Ac_1+(20～30)℃（球化退火），目的是得到球化体组织，降低硬度，改善高碳钢的切削性能，同时为最终热处理做好组织准备。保温时间不宜过长，一般以 2～4h 为宜。冷却方式为随炉冷却。

B 正火工艺及加热温度

正火则是将钢加热到 Ac_3 或 Ac_m 以上 30～50℃，保温后进行空冷。由于冷却速度稍快，与退火组织相比，组织中的珠光体相对量较多，且片层较细密，所以性能有所改善。一般亚共析钢加热至$Ac_3+(50\sim70)℃$；过共析钢加热至$Ac_m+(50\sim70)℃$，即加热到奥氏体单相区。退火和正火加热度范围选择见图2-1。

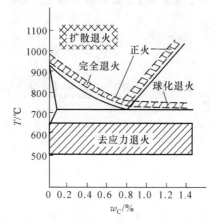

图2-1　退火和正火加热温度范围

C　淬火加热温度

淬火就是将钢加热到Ac_3（亚共析钢）或Ac_1（过共析钢）以上$30\sim50℃$，保温后放入各种不同的冷却介质中快速冷却（v应大于v_c），以获得马氏体组织。碳钢经淬火后的组织由马氏体及一定数量的残余奥氏体所组成。加热温度范围选择见图2-2。

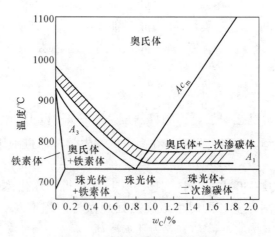

图2-2　淬火的加热温度范围

在适宜的加热温度下，淬火后得到的马氏体呈细小的针状。若加热温度过高，形成粗针状马氏体，使材料变脆甚至可能在钢中出现裂纹。碳钢在退火、正火、淬火热处理的临界温度如表 2-1 所示。

表 2-1 各种不同成分碳钢的临界温度（部分）

类别	钢号	临界点/℃			
		Ac_1	Ac_3 或 Ac_m	Ar_1	Ar_3
碳素结构钢	20	735	855	680	835
	30	732	813	677	835
	40	724	790	680	796
	45	724	780	682	760
	50	725	760	690	750
	60	727	770	695	721
碳素工具钢	T7	730	770	700	743
	T8	730	—	700	
	T10	730	800	700	—
	T12	730	820	700	—
	T13	730	830	700	—

D 回火加热温度

钢淬火后都需要进行回火处理，回火温度取决于最终所要求的组织和性能（工厂常根据硬度的要求），通常按加热温度的高低，回火可分为以下3类。

（1）低温回火：加热温度为 150~250℃。其目的主要是降低淬火钢中的内应力，减少钢的脆性，同时保持钢的高硬度和耐磨性。常用于高碳钢制的切削工具、量具和滚动轴承件及渗碳处理后的零件等。

（2）中温回火：加热温度为 350~500℃。其目的主要是获得高的弹性极限，同时有高的韧性。主要用于各种弹簧热处理。

（3）高温回火：加热温度为 500~650℃。其目的主要是获得既有一定的强度、硬度，又有良好的冲击韧性的综合机械性能。通常把淬火后加高温回火的热处理称作调质处理。主要用于处理中碳结构钢，即要求高强度和高韧性的机械零件，如轴、连杆、齿轮等。在各种回火温度下，硬度变化最剧烈的时间一般在最初的 0.5h 内，回火时间超过 2h 后，硬度变化很小。因此，在实际生产中，一般工件的回火时间均匀 1~2h。

2.1.2.2　淬火保温时间的确定

在实验室进行热处理实验，一般采用各种电炉来加热试样。当炉温升到规定温度时，即打开炉门装入试样，通常将工件升温和保温所需时间算在一起，统称为加热时间。热处理加热时间实际上是将试样加热到淬火所需的时间及淬火温度停留所需时间的总和。加热时间与钢的成分、工件的形状尺寸、所用的加热介质、加热方法等因素有关，按照经验公式加以估算，一般规定，在空气介质中，升到规定温度后的保温时间，对于碳钢，按工件厚度（或直径）1~1.5min/mm估算；合金钢按2min/mm估算。在盐浴炉中，保温时间则可缩短1~2倍。对钢件在电炉中保温时间的数据可参考表2-2。

表2-2　钢件在电炉中的保温时间选择参考数据

材料	工件厚度或直径/mm	保温时间/min
碳钢	< 25	30
	25~50	45
	50~75	60
低合金钢	< 25	25
	25~50	60
	50~75	60

当工件厚度或直径小于25mm时，可按1min/mm计算。

2.1.2.3　冷却方式和方法

热处理时冷却方式（冷却速度）影响着钢的组织和性能。选择适当的冷却方式，才能获得所要求的组织和性能。钢的退火一般随炉冷却到600~550℃以下再出炉空冷；正火采用空气冷却；淬火时，钢在过冷奥氏体最不稳定的范围650~550℃内冷却速度应大于临界冷却速度，以保证工件不转变为珠光体类型组织，而在 Ms 点附近时，冷却速度应尽可能慢些，以降低淬火内应力，减少工件的变形和开裂。

淬火介质不同，其冷却能力不同，因而工件的冷却速度也就不同。合理选择冷却介质是保证淬火质量的关键。常采用的冷却介质有炉冷、空冷、风冷、油冷、水冷、等温盐浴冷却。对于碳钢而言，用室温的水作淬火介质通常能得到较好的结果。目前常用的淬火介质和达到的冷却速度见表2-3。

表 2-3 常用的淬火介质和冷却速度

淬火介质	冷却速度/℃·s⁻¹	
	在 650~450℃区间内	在 300~200℃区间内
水（18℃）	600	270
水（20℃）	500	270
水（50℃）	100	270
水（74℃）	30	270
10%苛性钠水溶液（18℃）	1200	300
10%氯化钠水溶液（18℃）	110	300
50℃矿物油	150	30

2.1.2.4 碳钢热处理后的组织

A 碳钢的退火和正火组织

亚共析钢采用"完全退火"后，得到接近于平衡状态的显微组织。即铁素体加珠光体。共析钢和过共析钢多采用"球化退火"，获得在铁素体基体上均匀分布着粒状渗碳体的组织，称为球状珠光体或球化体。球状珠光体的硬度比层片状珠光体低。亚共析钢的正火组织为铁素体加索氏体，共析钢的正火组织一般均为索氏体；过共析钢的正火组织为细片状珠光体及点状渗碳体。对于同样的碳钢，正火的硬度比退火的略高。

B 钢的淬火组织

钢淬火后通常得到马氏体组织。当奥氏体中含碳质量分数大于 0.5%时，淬火组织为马氏体和残余奥氏体。马氏体可分为两类，即板条马氏体和片（针）状马氏体。

C 淬火后的回火组织

回火是将淬火后的钢件加热到指定的回火温度，经过一定时间的保温后，空冷到室温的热处理操作。回火时引起马氏体和残余奥氏体的分解。

（1）淬火钢经低温回火（150~250℃），马氏体内的过饱和碳原子脱溶沉淀，析出与母相保持着共格联系的 ε 碳化物，这种组织称为回火马氏体。回火马氏体仍保持针片状特征，但容易受侵蚀，故颜色要比淬火马氏体深些，是暗黑色的针状组织。回火马氏体具有高的强度和硬度，而韧性和塑性较淬火马氏体有明显改善。

（2）淬火钢经中温回火（350～500℃）得到在铁素体基体中弥散分布着微小粒状渗碳体的组织，称为回火屈氏体。回火屈氏体中的铁素体仍然基本保持原来针状马氏体的形态，渗碳体则呈细小的颗粒状，在光学显微镜下不易分辨清楚，故呈暗黑色回火屈氏体有较好的强度，最高的弹性，较好的韧性。

（3）淬火钢高温回火（500～650℃）得到的组织称为回火索氏体，它是由粒状渗碳体和等轴形铁素体组成混合物。回火索氏体具有强度、韧性和塑性较好的综合机械性能。

回火所得到的回火索氏体和回火屈氏体与由过冷奥氏体直接分解出来的索氏体和屈氏体在显微组织上是不同的，前者中的渗碳体呈粒状而后者则为片状。

2.1.3　实验仪器和材料

（1）仪器：热处理马弗炉、显微微氏硬度试验机、金相显微镜。

（2）试样：$\phi 20 \times 10mm$ 45 钢、$\phi 20 \times 10mm$ 65 钢、$\phi 20 \times 10mm$ T12 钢、磨砂纸 200 张、酒精 10 瓶、洗瓶 6 个、脱脂棉 1 卷、20℃左右冷却介质水、2 桶 5kg 的冷却介质机油，铁桶 10 个，长柄钳子 6 把，石棉网簪子 10 个，舟形坩埚 30 个，刻字笔 5 把，吹风机 2 把。

2.1.4　实验内容与步骤

（1）制定热处理工艺：根据 45 钢，65 钢和 T12 钢的碳含量和这些钢种实际应用，制定出合理的热处理工艺（包括正火、淬火和回火的加热温度、保温时间、冷却介质等）以及说明制备每一步热处理工艺的作用，并画出相应的热处理工艺曲线。

（2）制定完热处理工艺后，用酒精对试样进行除油清洗。

（3）用刻字笔对试样依次用数字"1""2""3"进行标识。

（4）根据所制定的热处理方案进行热处理，并将热处理工艺条件填在表 2-4 中。

（5）硬度测试：对热处理的钢进行相应的热处理工序后的实际硬度（包括正火后 HV、淬火后 HV、退火后 HV 和淬火+回火后的 HV），做好记录，并填入表 2-4 中。注意在测量硬度之前，首先要用砂纸磨去试样两端面的氧化皮，以免影响硬度数值。每个试样至少测 3 个试验点，再取一个平均值。

2.1.5　数据处理

将本实验材料、材料实际用途、实验采用的热处理工艺、材料硬度值和材料热处理后的组织都填在表2-4中。

表2-4 钢淬火、回火后的硬度

材料	用途	热处理工艺	技术条件（所定工艺）	测定 HV 的值				热处理后的组织
				1	2	3	平均	
		正火						
		淬火						
		淬火+高温回火						
		淬火+中温回火						
		淬火+低温回火						
		正火						
		退火						
		淬火						
		淬火+高温回火						
		淬火+中温回火						
		淬火+低温回火						

2.1.6 注意事项

（1）本实验加热都采用电炉，由于炉内电阻丝距离炉膛较近，容易漏电，所以电炉一定要接地，在放、取试样时必须先切断电源。

（2）往炉中放、取试样时必须使用夹钳，夹钳必须擦干，不得沾有油和水。

（3）淬火时，试样要用钳子夹住，动作要迅速并不断在水或油中搅动，以免影响热处理质量。

2.1.7 思考题

（1）简述典型4种热处理工艺及目的。

（2）陈述45钢、65钢和T12钢整个热处理工艺路线，讨论它们热处理工艺有何不同，为什么？

（3）结合热处理工艺和组织，分析45钢、65钢和T12钢在工艺过程中硬度的变化原因。

2.2　钢的连续冷却转变工艺控制实验

2.2.1　实验目的

（1）理解碳钢过冷奥氏体连续转变曲线。

（2）熟悉碳钢不同温度下转变产物组织形态特征。

（3）分析冷却速度对碳钢热处理后组织和性能的影响。

2.2.2　实验原理

热处理是一种很重要的热加工工艺方法，也是充分发挥金属材料性能潜力的重要手段。钢在实际热加工和热处理的冷却都是从高温连续冷却至低温，冷却奥氏体在一个温度区间范围内发生转变。这种转变可变的外部因素就是过冷奥氏体的冷却速度，连续冷却速度不同，到达各个温度区间的时间以及在各个温度区间停留的时间也不同。过冷奥氏体在不同温度区间分解产物是不同的，因此通过控制连续冷却速度，可以得到不同的转变组织。图 2-3 所示就是共析钢的连续冷却转变曲线（CCT 曲线）。

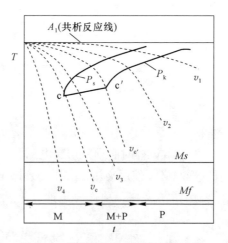

图 2-3　共析钢的连续冷却转变曲线

从图 2-3 可以看出，共析钢连续冷却转变曲线（实曲线所围成的区域）只有珠光体和马氏体转变，而没有贝氏体形成。v_c 和 $v_{c'}$ 是获得不同转变产物的分界线。v_c 表示过冷奥氏体在连续冷却过程中不发生分解，而全部冷却至 Ms 点以下发生马氏体转变的最小冷却速度，称为上临界冷却速度，又称为临界淬火速度；$v_{c'}$ 表示过冷奥氏体在连续冷却过程中全部转变为珠光体的最大冷却速度，又称为下临界冷却速度。根据临界转变速度，不同冷却速度对转变产物类型的影响分为以下 3 个区间：

当 $v>v_c$ 时，$A_{过冷}\rightarrow M$；

当 $v<v_c$时，$A_{过冷}\rightarrow P$；

当 $v_{c'}<v<v_c$ 时，$A_{过冷}\rightarrow P+M$。

与共析钢不同，亚共析钢连续冷却转变曲线（如图 2-4 所示）出现了先共析铁素体析出区域和贝氏体转变。根据其两个临界冷却速度曲线，v_c 和 $v_{c'}$ 可以不同冷却速度对转变产物类型的影响分为以下 3 个区间：

当 $v>v_c$ 时，$A_{过冷}\rightarrow M$；

当 $v<v_c$时，$A_{过冷}\rightarrow F+A\rightarrow F+P$；

当 $v_{c'}<v<v_c$ 时，$A_{过冷}\rightarrow F+A\rightarrow F+P+A\rightarrow F+P+B+A\rightarrow F+P+B+M$。

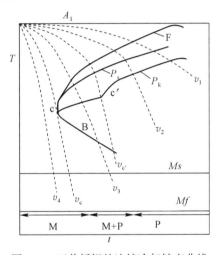

图 2-4　亚共析钢的连续冷却转变曲线

与共析钢不同，过共析钢连续冷却转变曲线（如图 2-5 所示）出现了先共析渗碳体析出区域，但与共析钢类似没有出现贝氏体区域。根据其两个临界冷却速度曲线，v_c 和 $v_{c'}$ 可以不同冷却速度对转变产物类型的影响分为以下 3 个区间：

当 $v>v_c$ 时，$A_{过冷}\rightarrow M$；

当 $v<v_c$时 $A_{过冷}\rightarrow Fe_3C+A\rightarrow Fe_3C+P$；

当 $v_{c'}<v<v_c$ 时，$A_{过冷}\rightarrow Fe_3C+A\rightarrow Fe_3C+P+A\rightarrow Fe_3C+P+M$。

2.2.3　实验仪器和材料

（1）仪器：热处理马弗炉、显微微氏硬度试验机。

（2）试样：$\phi20\times10mm$ 20 钢、$\phi20\times10mm$ 45 钢、$\phi20\times10mm$ T12 钢、磨砂

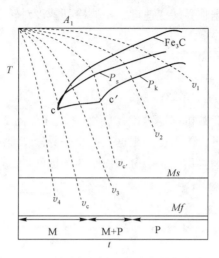

图 2-5　过共析钢的连续冷却转变曲线

纸 200 张、酒精 10 瓶、洗瓶 6 个、脱脂棉 1 卷、20℃左右冷却介质水、2 桶 5kg 的冷却介质机油，铁桶 10 个，夹持钳子 6 把，石棉网簪子 10 个，舟形坩埚 30 个、刻字笔 5 把、吹风机 2 把。

2.2.4　实验内容与步骤：

（1）对碳钢进行加热奥氏体化：

1）对于 20 钢奥氏体化。打开加热炉，使其温度上升到 870℃，将 20 钢试样放入加热炉中，开始计时。保温 15min。

2）对于 65 钢奥氏体化。打开加热炉，使其温度上升到 850℃，将 45 钢试样放入加热炉中，开始计时。保温 15min。

3）对于 T12 钢奥氏体化。打开加热炉，使其温度上升到 880℃，将 T12 钢试样放入加热炉中，开始计时。保温 15min。

（2）对奥氏体化后的 20 钢、65 钢和 T12 钢试样分别进行 4 种不同介质方式冷却：

1）3 种碳钢热处理 15min 后，关闭热处理马弗炉，随炉子冷却至室温，并在试样侧面刻“1”做标记。

2）3 种碳钢热处理 15min 后，从热处理马弗炉取出试样，放置于空气中冷却至室温，并在试样侧面刻“2”做标记。

3）3 种碳钢热处理 15min 后，从热处理马弗炉取出试样，迅速地放入机油中冷却至室温，并用酒精清洗擦拭干净，并在试样侧面刻“3”做标记。

4）3 种碳钢热处理 15min 后，从热处理马弗炉取出试样，迅速地放入冷水中冷却至室温，并在试样侧面刻"4"做标记。

（3）冷却后对20钢、65钢和T12钢试样进行打磨：

1）用500号砂纸将碳钢上下两个地面的氧化皮打磨，打磨过程中要确保表面平整，上下两个表面不能出现倾斜面或者严重磨损。

2）再分别依次用800号砂纸、1200号砂纸、1500号砂纸进行细磨至其表面磨平整光滑。

3）把磨光后的试样分别进行水冲洗和酒精冲洗，并用吹风机吹干备用。

（4）硬度测试：对不同冷却方式冷却的20钢、65钢和T12钢试样进行硬度测试，每个试样测试3个硬度值，并将测量的数据计入表2-5中，并计算出其平均值。

2.2.5　数据处理

将试样处理工艺、材料硬度和数据处理结果填入表2-5中。

表 2-5　钢连续冷却转变后的硬度

试样	加热温度	保温时间	冷却方式	硬度值			
				第一次	第二次	第三次	平均值

2.2.6　注意事项

（1）本实验使用的加热炉都为电炉，由于炉内电阻丝距离炉膛较近，容易漏电，所以电炉一定要接地，在放、取试样时必须先切断电源。

（2）往炉中放、取试样必须使用夹钳，夹钳必须擦干，不得沾有油和水。

（3）淬火时，试样要用钳子夹住，动作要迅速并不断在水或油中搅动，以免影响热处理质量。

2.2.7　思考题

（1）20钢、65钢和T12钢在4种冷却方式下冷却过程中都经历了哪些相的转变，最终得到什么组织？

（2）20钢、65钢和T12钢在4种冷却方式下碳钢的硬度如何变化，为什么？

3 金属材料的力学性能测试及控制

3.1 金属材料的准静态拉伸实验

3.1.1 实验目的

(1) 了解材料试验机的构造、原理及操作。

(2) 观察低碳钢（塑性材料）与铸铁（脆性材料）在准静态拉伸过程中的各种现象（包括屈服、强化和颈缩等），并能绘制拉伸图。

(3) 测定低碳钢的屈服极限 R_{eL}，强度极限 R_m，断后延伸率 A 和断面收缩率 Z。

(4) 测定铸铁的强度极限 R_m。

(5) 比较低碳钢和铸铁的力学性能、特点及断口形貌。

3.1.2 实验原理

静载拉伸实验是最基本的、应用最广的材料力学性能实验。一方面，由静载拉伸试验测定的力学性能指标可以作为工程设计、评定材料和优选工艺的依据，具有重要的工程实际意义；另一方面，静载拉伸试验可以揭示材料的基本力学行为规律，也是研究材料力学性能的基本试验方法。静载拉伸试验，通常是在室温和轴向加载条件下进行的，其特点是试验机加载轴线与试样轴线重合，载荷缓慢施加。在材料试验机上进行静拉伸试验，试样在负荷平稳增加下发生变形直至断裂，可得出一系列的强度指标（如屈服强度 R_{eL} 和抗拉强度 R_m）和塑性指标（如伸长率 A 和断面收缩率 Z）。通过试验机自动绘出试样在拉伸过程中的伸长与负荷之间的关系曲线，即 P-ΔL 曲线，习惯上称该曲线为试样的拉伸图。如图 3-1 所示，即为低碳钢的拉伸图。

试样拉伸过程中，最初试样伸长随载荷增加成比例地增加，保持直线关系。当载荷增加到一定值时，拉伸图上出现锯齿状平台。这种在载荷不增加甚至还减小的情况下，试样还继续伸长的现象叫屈服，屈服阶段的最小载荷是屈服点载荷 P_s，用 P_s 除以试样原始横截面面积 A_0 即得到屈服极限

$$R_{eL} = \frac{P_s}{A_0}$$

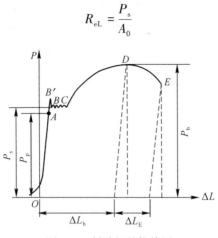

图 3-1　低碳钢的拉伸图

当试样达到屈服后，若要使其继续发生变形，则要克服不断增长的抗力，这是由于金属材料在塑性变形过程中会不断发生强化。这种随着塑性变形的增加，变形抗力不断增加的现象叫作形变强化或加工硬化。由于形变强化的作用，这一阶段的变形主要是均匀塑性变形和弹性变形。当载荷达到最大值 P_b 后，试样的某一部位截面积开始急剧缩小，出现"缩颈"现象，此后的变形主要集中在缩颈附近，直至达到 P_b 时试样拉断。P_b 除以试样原始横截面面积 A_0 即得到强度极限（抗拉强度）

$$R_m = \frac{P_b}{F_0}$$

拉伸试验还可得到塑性指标，即伸长率 A 和断面收缩率 Z。

$$A = \frac{L_1 - L_0}{L_0} \times 100\%$$

式中　A——伸长率，即拉断后的试样标距部分所增加的长度与原始标距长度的百分比；

　　　L_0——试件原始标距，mm；

　　　L_1——试件拉断后标距长度。

$$Z = \frac{F_0 - F_1}{F_0} \times 100\%$$

式中　Z——断面收缩率，即为了测定低碳钢的断面收缩率，试件拉断后，断口处横截面面积与原始截面面积之差除以原始截面面积的百分数；

　　　F_0——试件原始横截面面积；

　　　F_1——试件拉断后断口处最小面积。

试件开始受力时，由于头部在夹头内滑动较大，故绘出的拉伸图最初一段是曲线。分析时应将直线段延长与横坐标相交于 O 点，作为坐标原点。OA 段为弹性阶段载荷与变形成正比，$B'C$ 段为屈服阶段，CD 段为强化阶段，DE 段为颈缩阶段，至 E 点试件被拉断。

铸铁的拉伸图如图 3-2 所示。铸铁试件在承受拉力变形很小时就达到最大载荷而突然发生断裂。它没有屈服和颈缩现象，故在拉伸时，一般只能测定其强度极限 R_b，试件沿横截面断裂。

$$R_m = \frac{P_b}{F_0}$$

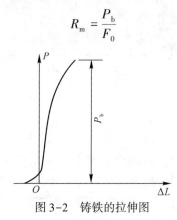

图 3-2　铸铁的拉伸图

3.1.3　实验仪器和材料

（1）实验仪器：SHT4605 型微机控制万能材料试验机、游标卡尺、体视显微镜或放大镜一台。

（2）实验材料：低碳钢试样 25 个、高碳铸铁试样 25 个。

拉伸试样（图 3-3）尺寸如下：

直径为 d 的圆截面试件，短试件和长试件的标距 L_0 分别为 $5d$ 和 $10d$。本实验采用圆截面的长试件（$d=10\,\mathrm{mm}$，$L_0=100\,\mathrm{mm}$）。

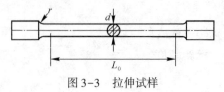

图 3-3　拉伸试样

3.1.4　实验内容与步骤

本次试验对比低碳钢和铸铁的静拉伸行为，测试两种材料的力学拉伸曲线和力学性能指标。其试验方法如下。

3.1.4.1 试件准备

用游标卡尺测量标距长度。用游标卡尺测量标距两端及中间这 3 个横截面处的直径，在每一横截面内沿互相垂直的两个直径方向各测量一次取其平均值。用所测得的 3 个平均值中最小的值计算试件的横截面面积 F_0。将测量的试件标距长度、横截面处的直径及计算出的横截面面积 F_0 填入表 3-1 中。

3.1.4.2 试验机准备

打开计算机，进入试验机控制系统主界面，在用户参数输入区内输入试验参数，如试样标距、试样直径、试样种类等。然后点击"试验"按钮进入试验。

3.1.4.3 安装试件

调整下横梁使上下夹头的距离小于试件的长度。先将试件安装在试验机的上夹头内，再调整下横梁使其达到适当位置，把力值清零，然后把试件下端夹紧，位移值清零。

3.1.4.4 进行拉伸试验

点击屏幕右边的"运行"按钮加载。注意观察测力窗口、位移窗口的情况和相应的试验现象。若出现力和位移值为负值或其他异常情况，请立即按下右边立柱旁的"急停"按钮，或"速度栏"内的"停止"按钮。

试验结束后取下试件。将低碳钢试件的屈服载荷 P_s 和最大载荷 P_b 记入表中。然后将断裂试件的两段对齐并尽量靠紧，用游标卡尺测量断裂后标距段的长度 L_1；测量两段断口（颈缩）处的直径 d_1，应在每一断口处沿两个互相垂直方向各测量一次，计算其平均值，取其中最小值计算断口处最小横截面面积 F_1。把测量值和计算值填入表 3-1 中。

将铸铁试件准静态拉伸前后尺寸的变化记入表 3-1 中。

表 3-1 试件准静态拉伸前后尺寸的变化

实验前			实验后		
试件原始形状图			试件断后形状图		
尺寸	低碳钢	铸铁	尺寸	低碳钢	铸铁
平均直径 d_0/mm			最小直径 d_1/mm		
横截面面积 F_0/mm^2			最小截面面积 F_1/mm^2		
标距长度 L_0/mm			断后长度 L_1/mm		

3.1.5 数据处理

（1）画出 P-ΔL 曲线，根据屈服载荷 P_s 及最大载荷 P_b 计算低碳钢试件的屈

服极限 R_{eL} 及低碳钢试件和铸铁试件的强度极限 R_m。

$$R_{eL} = \frac{P_s}{F_0}, \qquad R_m = \frac{P_b}{F_0}$$

（2）列表记录低碳钢、铸铁的原始尺寸及实验后尺寸，根据试件前、后的标距段长度及横截面面积计算低碳钢试件的延伸率 A 及断面收缩率 Z：

$$A = \frac{L_1 - L_0}{L_0} \times 100\%$$

$$Z = \frac{A_0 - A_1}{A_0} \times 100\%$$

（3）将计算低碳钢、铸铁力学性能指标填入表 3-2。

表 3-2　低碳钢和铸铁力学性能

试件	实验数据		计算结果			
	屈服载荷 P_s/kN	最大载荷 P_b/kN	屈服极限 R_{eL}/MPa	强度极限 R_m/MPa	延伸率 A/%	截面收缩率 Z/%
低碳钢						
铸铁						

3.1.6　注意事项

（1）未经指导教师同意不得开动机器。
（2）操作者不得擅自离开操纵台。
（3）试件安装必须正确、防止偏斜和夹入部分过短的现象。
（4）试验时听见异常声音或发生任何故障，按下急停按钮立即停车。

3.1.7　思考题：

（1）比较两种材料的力学性能的特点、断口形貌及断裂方式。
（2）由低碳钢、铸铁的拉伸图和试件断口形状及其测试结果，回答二者机械性能有什么不同，为什么？

3.2　金属材料的冲击韧性实验

3.2.1　实验目的

（1）了解冲击实验方法。

（2）测定低碳钢与铸铁的冲击韧性 a_k 值。

（3）理解冲击韧性的含义及其表达方式。

3.2.2　实验原理

材料冲击实验是一种动态力学实验，它是将具有一定形状和尺寸的 U 型或 V 型缺口冲击试样，在冲击载荷作用下折断，以测定其冲击吸收功 A_k 和冲击韧性值 a_k 的一种实验方法。由于加载速度快，使材料内的应力骤然提高，变形速度影响了材料的力学性质，所以材料对动载荷作用表现出不同的反应。此外，在金属材料的冲击实验中，还可以揭示在静载荷不易发现的某些结构特点和工作条件对机械性能的影响（如应力、材料内部缺陷、化学成分和加荷时温度、受力状态以及热处理情况等），因它在工艺分析比较和科学研究中都具有一定的意义，在工程上常采用"冲击韧性"来表示材料抵抗冲击的能力。冲击韧性是指金属材料在冲击载荷作用下吸收塑性变形功和断裂功能力，常用标准试样的冲击吸收功 A_k 或 a_k 来表示。冲击吸收功 A_k 或 a_k 值越大，表明材料的抗冲击性能越好。

3.2.2.1　冲击实验原理

冲击实验通常在摆锤式冲击试验机上进行，其原理如图 3-4（a）所示。实验时将试样摆放在试验机支座上，缺口位于与冲击相背方向，并使缺口位于支座中间，如图 3-4（b）所示。然后将具有一定重量的摆锤举至一定的高度 H_1，使其获得一定位能 mgH_1。释放摆锤冲断试样，摆锤的剩余能量为 mgH_2，则摆锤冲断试样失去的势能为 mgH_1-mgH_2。如忽略空气阻力等各种能量损失，则冲断试样所消耗的能量，即试样的冲击吸收功

$$A_k = mg(H_1 - H_2)$$

A_k 的具体数值可直接从冲击试验机的表盘上读出，其单位为 J。将冲击吸收功 A_k 除以试样缺口底部的横截面面积 S_N（cm^2），即可得到试样的冲击韧性值 a_k（J/cm^2），即

$$a_k = A_k/S_N$$

a_k 作为材料的抗冲击指标，不仅与材料的性质有关，而且试样的形状、尺寸、缺口形式等都会对 a_k 值产生很大的影响，因此 a_k 只是材料抗冲击断裂的一个参考性指标。只能在规定条件下进行相对比较，而不能代入具体零件的定量计算。

3.2.2.2　冲击实验试样

冲击吸收功 A_k 值与试样的尺寸、缺口形状和支撑方式有关。为了便于比较，国家标准给定了两种缺口的冲击弯曲标准试样，分别是 U 型缺口和 V 型缺口，

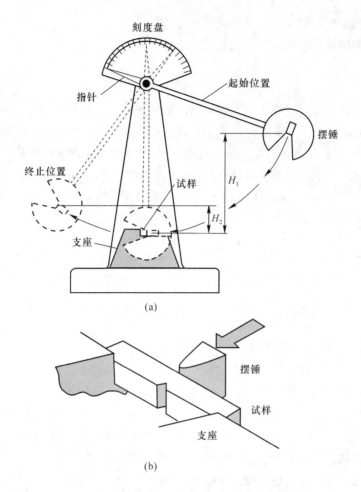

图 3-4　冲击实验的原理图

（a）冲击试验机的结构图；（b）冲击试样与支座的安放图

本实验使用 GB/T 229—2020 规定的标准夏氏 V 型缺口试样，其尺寸为：10mm×10mm×55mm，口宽 2mm、12mm 深 V 型缺口（冲击试样尺寸如图 3-5 所示）。需要指出，用 V 型缺口试样测定的冲击吸收功用 A_{kV} 表示，用 U 型缺口试样测定的冲击吸收功用 A_{kU} 表示。

3.2.3　实验仪器和材料

（1）实验仪器：摆锤式冲击试验机一台、游标卡尺（最小刻度为 0.02mm）、体视显微镜或放大镜一台。

（2）实验材料：低碳钢（V 型缺口）试件 25 个和铸铁试件 25 个、无水乙醇 5 瓶。

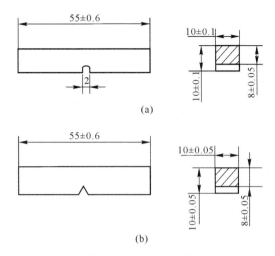

图 3-5　标准冲击试样

（a）Charpy U 型缺口冲击试样；（b）Charpy V 型缺口冲击试样

3.2.4　实验内容与步骤

本实验是研究低碳钢和铸铁在冲击载荷下的力学行为和力学性能的，观察低碳钢和铸铁的断口形貌，比较低碳钢和铸铁的冲击韧性，其实验步骤如下。

3.2.4.1　冲击试样准备

用卡尺测量缺口试样的宽度 l、缺口处的剩余厚度 l_1，并分别测量 3 次，取平均值。根据宽度和剩余厚度值计算试件的有效横截面积 F_0。将测量的缺口试样的宽度、缺口处的剩余厚度及计算出的有效横截面面积 F_0 填入表 3-3。

安装冲击试样的过程为：

（1）打开冲击试验机的电源，观察指示灯是否亮。

（2）点击"扬摆"按钮，使摆锤扬到位，并锁住摆锤。

（3）检查支座间距离，对金属材料其间距为 40mm；高分子材料为 70mm。

（4）安装冲击试样，将试样按规定放置在两支座上，试样支撑面紧贴在支撑块上，安装冲击试样，令缺口背对摆锤的刃口，并使缺口中心线与跨距中心线重合使冲击刀刃对准缺口试样的中心。

3.2.4.2　进行冲击实验

（1）按下"冲击"按钮，使摆杆自由下落，冲断试样。

（2）冲断试样后，按"制动"按钮，使摆锤制动。

（3）记录试样在冲击过程中吸收的能量 A_k 值。

（4）观察低碳钢和铸铁的冲击断口形貌。

（5）实验完毕后按住"放摆"按钮，执行放摆操作。

3.2.5　数据处理

（1）将低碳钢和铸铁的冲击试样尺寸和断裂前后的形状图填入表3-3中。

表3-3　实验前后试样尺寸与形状

实验前		实验后	
试样原始形状图		试样断后形状图	
尺寸		低碳钢	铸铁（无缺口）
缺口处尺寸：$L \times L_1 / \text{mm} \times \text{mm}$			
横截面面积：F_0 / mm^2			

（2）根据试件折断所消耗的能量 A_k 值，计算低碳钢与铸铁的 a_k，并将低碳钢和铸铁的冲击能功 A_k 和冲击韧性 a_k，填入表3-4中。

表3-4　低碳钢和铸铁的冲击功及冲击韧性

试件	吸收能量 A_k / J	有无纤维区	冲击韧性 $a_k / \text{J} \cdot \text{cm}^{-1}$
低碳钢			
铸铁			

（3）观察低碳钢和铸铁冲击材料断口的形貌，并画出两种材料的断口示意图。

3.2.6　注意事项

（1）使用冲击试验机时，应注意试样支座、摆锤及插销等零件是否紧固，以免由于这些零件松动而引起实验结果不准或发生意外事故。

（2）本实验属动载荷实验，而且实验机为自动控制，故需严格按操作规程进行实验，特别要注意安全。安放试件时，绝对不许点击"冲击"按钮。

（3）点击"冲击"前必须将安全门关闭。实验过程，不得在摆锤运动平面范围内站立、走动，一定要集中注意力，保持良好秩序。

（4）实验结束后一定将摆锤放下。

（5）在实验过程中自始至终只能由一人操作。切不可一人负责操纵按钮，另一人负责安放试样，因为两者配合不好，极易伤人。

3.2.7 思考题

（1）冲击试样为什么要开切口，塑性材料在冲击载荷下为什么会表现为脆性断裂？

（2）由低碳钢、铸铁的冲击试件断口形状及其测试结果，分析两者机械性能有什么不同。

（3）冲击韧性值 a_k 为什么不能用于定量换算，只能用于相对比较？在工程上有何应用？

3.3　金属的弯曲实验

3.3.1　实验目的

（1）采用三点弯曲对矩形横截面试件施加弯曲力，测定其弯曲力学性能。

（2）学习、掌握万能试验机的使用方法及工作原理。

（3）掌握弯曲弹性模量 E_b 和最大弯曲应力 σ_{bb} 的测量方法。

3.3.2　实验原理

当一个矩形截面的金属承受弯曲载荷时，其截面就出现应力。该应力可以分解为垂直于截面的正应力和平行于截面的切应力。如果梁上的载荷都处于同一平面内且垂直于梁的中轴，则截面各个点的正应力合成为一个力偶，其力矩即所谓的弯矩 M，已知截面上任一点的正应力与该点至中截面的垂距以及截面上的弯矩成正比，与截面的惯矩成反比。若截面上的弯矩为正，则中截面以上各点受压应力，中截面以下各点受拉应力；若截面上的弯矩为负，则情况正好相反。

3.3.2.1　三点弯曲试验装置

图 3-6 所示为三点弯曲试验的示意图。图中，F 为所施加的弯曲力，L_s 为跨距，f 为挠度。

3.3.2.2　弯曲弹性模量 E_b 的测定（图解法）

通过配套软件自动记录弯曲力-挠度曲线（如图 3-7 所示）。在曲线上读取弹性直线段的弯曲力增量和相应的挠度增量，按式（3-1）计算弯曲弹性模量。

$$E_b = \frac{L_s^3}{48I} \cdot \frac{\Delta F}{\Delta f} \qquad (3-1)$$

式中，I 为试件截面对中性轴的惯性矩，$I = \dfrac{bh^3}{12}$。

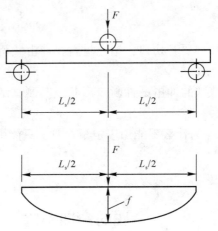

图 3-6　三点弯曲试验示意图

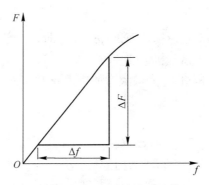

图 3-7　图解法测定弯曲弹性模量

3.3.2.3　最大弯曲应力

最大弯曲应力 σ_{bb} 的测定

$$\sigma_{bb} = \frac{F_{bb}L_s}{4W} \tag{3-2}$$

式中，σ_{bb} 为最大弯曲应力；F_{bb} 为最大弯曲力；W 为试件的抗弯截面系数，

$$W = \frac{bh^2}{6}$$

3.3.3　实验仪器和材料

INSTRON5582 万能材料实验机、游标卡尺，矩形金属片（宽×厚＝5mm×5mm）。试样表面要经过磨平，棱角应作倒角，长度应保证试样伸出两个支座之外均不少于3mm。

3.3.4 实验内容与步骤

（1）试样的制备：按照国家标准《金属弯曲力学性能试验方法》（GB/T 14452—1993）制备试样。

（2）试样尺寸测量：矩形横截面试样应在跨距的两端和中间处分别测量其宽度和厚度。计算弯曲弹性模量时，取用三处高度测量值的算术平均值；计算弯曲应力时，取用中间处测量的厚度和宽度。

（3）夹具调试，依据试样的厚度，调整合适的支点跨距。

（4）放置试样，把试样放在支座上，试样摆放应使两端露出部分的长度相等并与支座垂直。

（5）编制一个弯曲实验程序（万能材料试验机的操作可参见说明书）。

（6）根据编制的程序开始实验，注意保存好数据纪录。

3.3.5 数据处理

（1）实验数据及计算结果填入表 3-5 中。

表 3-5　原始记录数据表

材料	试件宽度 b/mm	试件高度 h/mm	跨距 L_s/mm	最大弯曲力 F_{bb}/kN	最大挠度 f/mm	弯曲弹性模量 E_b/MPa	最大弯曲应力 σ_{bb}/MPa
低碳钢							

（2）绘制弯曲力-挠度曲线（即 F-f 曲线）。

3.3.6 思考题

（1）分析在弯曲实验中试样的应力分布状态。

（2）观察并分析脆性材料与韧性材料的弯曲曲线有何不同？

金属材料的表面处理及测试

4.1 化学镀镍磷层的制备和性能分析实验

4.1.1 实验目的

（1）利用化学镀镍技术在钢铁表面制备镍磷合金镀层。
（2）掌握化学镀的基本原理及工艺。
（3）掌握化学镀镍磷层的结构与性能。

4.1.2 实验原理

4.1.2.1 化学镀的基本原理

水溶液中金属离子的沉积，一般按 $M^{2+}+2e \longrightarrow M$，即金属离子还原的还原反应进行。按金属离子获得还原所需电子的方法不同，分为电沉积和无外电源沉积两类。前者称作电镀，后者称作化学镀或无电镀。

（1）金属电沉积：即在直流电的作用下，电解液中的金属离子还原，并沉积到零件表面形成具有一定性能的金属镀层的过程，其中电解液主要是水溶液。

（2）化学镀：化学镀又称无电解镀，是一种不使用外电源，而是利用还原剂使溶液中的金属离子在基体表面还原沉积的化学处理方法，即 $Me^{n+}+还原剂\longrightarrow Me\downarrow+氧化剂$的化学镀是一个自催化的还原过程，也就是基体表面及在其上析出的金属都具有自催化能力，使镀层能够不断增厚。

（3）化学镀离子还原的电子来源通过电荷交换进行沉积：被镀金属 M1 必须比沉淀金属的电位更负；金属 M2 在电解液中以离子方式存在，工程中常称为浸镀。镀层薄、无使用性，常作为其他镀种的辅助工艺。

1）接触沉积：除了被镀金属 M1 和沉积金属 M2 外还有第三种金属 M3。在含有 M2 离子的溶液中，将 M1 与 M3 两金属连接，电子从电位高的 M3 流向电位低的 M1，使 M2 还原沉积在 M1 上。

2）还原沉积：这是由还原剂被氧化（催化条件下 $R^{n+}\longrightarrow 2e+R^{n+2}$）而释放自由电子，把金属离子还原为金属原子（$M^{2+}+2e\longrightarrow M$）的过程。工程讲的化学镀，主要是指还原沉积的化学镀。

（4）化学镀的条件：

1）电镀中还原剂的还原电位要显著低于沉积金属的电位，使金属有可能在基材上被还原而沉积出来；

2）配好的镀液不产生自发分解，当与催化表面接触时，才发生金属沉积过程；

3）调节溶液的 pH 值、温度时，可以控制金属的还原速率，从而调节镀覆速率；

4）被还原析出的金属也具有催化活性，这样氧化还原沉积过程才能持续进行，镀层连续增厚；

5）反应生成物不妨碍镀覆过程的正常进行，即溶液有足够的使用寿命。

4.1.2.2　化学镀镍-磷的工艺

镍具有自催化还原的性质，即自催化还原过程。化学镀镍的原理有原子氢态理论；氢化物理论和电化学理论等。这三种理论都不能完全解释化学镀镍的整个过程，但氢态理论得到较广泛的承认。

A　氢态理论

镍的沉积是依靠镀件表面的催化作用，使次亚磷酸（还原剂）根分解析出初生态原子氢：

$$NaH_2PO_2 =\!=\!= Na^+ + H_2PO_2^-$$

$$H_2PO_2^- + H_2O \xrightarrow{\text{镀件表面的催化作用}} HPO_3^{2-} + H^+ + 2H^0(abs) \quad （吸附在表面的原子态氢）$$

$H^0(abs)$ 在镀件表面使 Ni^{2+} 还原成金属 Ni，其反应为：

$$Ni^{2+} + 2H^0(abs) \longrightarrow Ni + 2H^+$$

同时原子态氢又与 $H_2PO_2^-$ 作用使磷析出：

$$H_2PO_2^- + H(abs) \longrightarrow H_2O + OH^- + P$$

还有部分原子态氢复合生成氢气逸出：

$$2H^- \longrightarrow H_2 \uparrow$$

这一理论导出的次亚磷酸根的氧化和镍的还原反应可综合为：

$$Ni^{2+} + H_2PO_2^- + H_2O \longrightarrow HPO_3^{2-} + 3H^+ + Ni$$

B　化学镀镍的成分和条件

化学镀液一般包含金属盐、还原剂、配合剂（络合剂）、缓冲剂、pH 调节剂、稳定剂润滑剂和光亮剂等。

（1）镍盐。镍盐是镀液的主盐、是镀层的金属供体；常采用硫酸镍或氯化镍，前者价格便宜。镀液的镍盐浓度高（但不能太高），沉淀速率快，稳定性下降。镀覆时，应及时补充镍盐以保持镀速的稳定。

（2）还原剂。最常用的还原剂是次亚磷酸盐，所得镀层是 Ni-P 合金。硼氢化物、氨基硼烷等镀层为 Ni-B 合金。次亚磷酸钠的用量与镍盐浓度相匹配，其最佳摩尔比为 0.3~0.45。次亚磷酸钠浓度高，镀速增大，同时镀液的稳定性降低。消耗的还原剂按比例补充，以维持镀速和镀层的稳定性。次磷酸根的氧化物为亚磷酸根，是对镀液有害的杂质离子，可生成亚磷酸镍沉淀，使镀层粗糙，可诱发镀液的分解。

（3）配合剂（络合剂）。常用的配合剂有乳酸、苹果酸、琥珀酸等。为了避免化学镀槽液自然分解和控制镍只能在催化表面上进行沉积反应及反应速率，镀液中必须加入配合剂。配合剂与镍离子形成稳定的络合物后，用来控制可供反应的游离镍离子量（降低溶液中游离镍离子浓度），可以稳定槽液和抑制亚磷酸镍或氢氧化钠沉淀的作用。化学镀过程中，镀液中的亚磷酸根浓度会不断升高，达到一定浓度后便会形成亚磷酸镍沉淀。它将破坏镀液的化学平衡，而且会触发镀液自发分解。

（4）缓冲剂。常用的缓冲剂有醋酸钠、硼酸等，有的配合剂同时也是缓冲剂。缓冲剂是为了防止 pH 值明显变化的。镀液在使用的过程中 pH 值将降低，必须定期进行调整，用碱中和调节。

（5）稳定剂。常用的稳定剂硫化合物（硫化硫酸盐、硫脲）等。为控制镍离子的还原和使还原反应只在镀件表面上进行，并使镀液不会自发反应。这是因为镀液中常有胶体微粒或固体粒子，可能是外来的杂物或亚磷酸盐的沉淀物，这些物体表面也有催化作用，导致镀液分解。稳定剂被粒子或胶体微粒吸附，阻止了镍在这些粒子上的还原，从而起到了稳定镀液的作用。

（6）加速剂。常用的加速剂有乳酸、醋酸、琥珀酸及它们的盐类和氟化物。配合剂控制沉积速率，有时会使沉积速率很慢，不适合生产要求。为了提高镍的沉积速率，常加入加速剂。光亮剂和润滑剂：提高表面的装饰性；对于某些基材需要加润滑剂防止起花纹。

（7）镀液的 pH 值。pH 值是化学镀镍的重要工艺参数：pH 值降低，镀速降低 pH 值升高，镀层中的含磷量降低 pH 值太高，镀液的稳定性下降 pH 值高，亚磷酸盐溶解度降低，镀层粗糙 pH 值对镀层内应力和结合力亦有影响镀液的 pH 值要综合考虑，一旦确定，镀覆过程中要保持稳定，才能得到高质量的镀层。按 pH 值不同镀液可分为酸性和碱性镀液两大类。

（8）镀液的温度。温度是影响镀速的最重要参数，是氧化还原过程所需要的能量的来源，大多数镀覆温度在 80~95℃ 间进行；低于 65℃ 沉积速度很慢，难得到健全的镀层。温度过高，镀液的稳定性降低，有分解的危险，并导致镀速过快，镀层的结合力降低。镀液工作温度变化要控制在 2℃ 之内。

C　化学镀镍的后处理

镀后处理包括钝化、去氢和热处理。经钝化处理后，其耐蚀性有所提高（重铬酸盐）。去氢处理主要对脆性高的基体材料，在 150~200℃下进行。热处理主要改变组织结构和性能，在进行热处理时最好使用真空炉或可控气氛炉防止在空气炉中镀层被氧化、变色。

D 化学镀镍的组织结构

对于酸性镀液的镀层，含磷为 7%~12%，呈非晶态。镀层经热处理后会发生组织结构的变化。在 220~260℃ Ni_3P 化合物开始析出，并有 Ni_2P 和 Ni_5P_2 的过渡相。对非晶态合金，在 250℃，1h 开始晶化，在 350℃ 左右完成晶化过程，温度升高晶体开始长大。

4.1.3 实验仪器和试剂

（1）仪器设备：恒温水浴、磁、维氏硬度计、盐雾试验装置、X 射线衍射仪等。

（2）实验装置：恒温水浴箱，装置如图 4-1 所示。

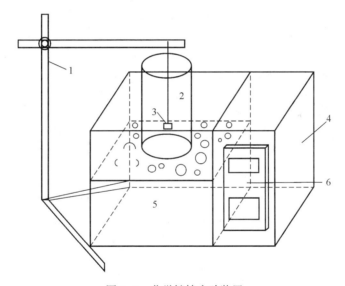

图 4-1　化学镀镍实验装置

1—支架；2—烧杯；3—试件；4—恒温水浴箱；5—水浴槽；6—控制显示面板

（3）实验药品：硫酸镍 $NiSO_4 \cdot 7H_2O$、次亚磷酸钠 $NaH_2PO_2 \cdot H_2O$、乳酸 $CH_3CH(OH)COOH$、醋酸钠（乙酸钠）CH_3COONa、氟化钾 KF、氨水 NH_4OH、NaOH、Na_2CO_3、Na_3PO_4、十二烷基硫酸钠、HCl（密度为 1.19g/L）、H_2SO_4（密度为 1.84g/L）、HNO_3（密度为 1.41g/L）、pH 值为 4.5~5.0 的精密试纸。

4.1.4 实验内容与步骤

（1）镀件的预处理。切取 Q235 钢 20mm×20mm×2mm，利用 200 号、400 号、

700号水砂纸依次正反面打磨及抛光处理，使镀件表面平整光滑无锈痕。

（2）化学除油液的配置。NaOH（10～15g/L）、Na_2CO_3（30～40g/L）、Na_3PO_4（25～35g/L）、十二烷基硫酸钠（0.4～0.6g/L）。

（3）镀件化学除油。将配置的好的除油液体放入加热套或水浴中加热至70℃，到温后将磨好镀件悬挂在除油液中，在该温度下保温20min后取出镀件；在70～80℃热水中清洗3min后冷水清洗2min待用。

（4）酸浸液的配置。HCl（20mL）、H_2SO_4（5mL）、HNO_3（5mL可以不加）、H_2O（70mL）。

（5）镀件酸浸（去除氧化皮）。将除油、清洗后的镀件，放入50～60℃配置好的活化液中进行酸浸化2min后用去离子水清洗1min。

（6）活化液的配置。5%～10%的HCl水溶液。

（7）镀件的活化（去除钝化层）。酸浸后的工件放入5%～10%的HCl水溶液中，停留2min后，用去离子水清洗1min。

（8）镀液的配置。硫酸镍$NiSO_4 \cdot 7H_2O$（20～30g/L）、次亚磷酸钠$NaH_2PO_2 \cdot H_2O$（20～33g/L）、乳酸（20～30mL/L）、醋酸钠CH_3COONa（10～15g/L）、氟化钠NaF或氟化钾KF（0.5～1.0g/L易造成溶液的分解可以不加）、氨水NH_4OH或氢氧化钠NaOH（调节pH值前者不易造成沉淀）、（药液用量为一升1～2dm^2约150mL）。

（9）镀液配置的步骤。1）用30%的蒸馏水溶解主盐（镍盐），其他药品用适量蒸馏水分别溶解；2）在磁力搅拌下，将配合剂乳酸（醋酸钠、硼酸）溶液加入镍盐溶液中；3）在剧烈搅拌中（40℃以下），将次亚磷酸液中；4）加入其他药品；5）加入计算好的水，调节pH值充分溶解后过滤再使用。

（10）工件施镀。用氨水调节镀恒温在此温度，将镀件放入镀液中，施镀一定时间（30min、60min、90min）后取出镀件，用冷水清2min并吹干。（在施镀开始过程中试样表面会有气泡并排除，为氢气；施镀过程中每小时要加10mL的蒸馏水）。

（11）镀层厚度。将施镀后的试件端面做成金相试样，用金相显微镜测量镀层的厚度。

（12）镀层硬度。用维氏硬度计测量原始试样和不同施镀时间的镀层的硬度，做出时间和镀层关系曲线。

（13）镀后热处理。根据施镀工件在使用中的性能要求进行相应的热处理。施镀后（选用60min的试样）工件分别在200℃、400℃、600℃进行热处理，分别测量处理后镀层的硬度。

（14）盐雾试验。按照国家标准对施镀前和施镀后（90min）的工件进行盐雾对比试验，测定镍磷镀层的耐蚀性。

4.1.5 数据处理

完成实验后每个同学须提交实验报告。在实验报告中，简要论述实验目的、原理和实验内容。实验内容应包括：实验方法和过程、实验结果和讨论，并包括以下的内容。

（1）将实验中的现象与原理联系起来。

（2）掌握制备化学镀镍磷合金层的基本方法；

（3）测量镀层的厚度，绘出厚度与时间关系曲线；

（4）热处理前后镀层的硬度（HV）；

（5）盐雾试验结果。

4.1.6 思考题

（1）化学镀为什么不需外加电流就能施镀？

（2）讨论温度过高或过低对化学镀的影响？

（3）根据实验结果分析工件施镀后进行热处理组织、性能有何变化？

4.2 金属表面磷化处理及性能分析实验

4.2.1 实验目的

（1）了解钢铁磷化处理的发展状况及应用前景，了解磷化种类、磷化膜的组成成分。

（2）掌握钢铁表面磷化处理的一般工艺流程及操作技术。

（3）掌握磷化膜质量检测方法及操作过程。

（4）了解磷化液主要性能指标的测定方法。

4.2.2 实验原理

（1）工艺流程：脱脂→水洗→酸洗→水洗→磷化→封闭→干燥→成品。

（2）脱脂：在镀件表面常附有一层油污，它的主要成分是：植物油、动物油、矿物油等，在化学镀之前必须除掉，否则会影响镀层的质量和结合力。利用碱性条件下的皂化和乳化原理将它们除掉。

（3）酸洗：金属在加工和储存过程中，为了防腐常常用一层薄薄的保护膜保护，常见的保护膜有：氧化膜、磷化膜、氧化铁皮（四氧化三铁）、复合膜等；另外在运输和储存过程中常常生锈，在化学镀之前必须除掉，否则会影响镀层的质量和结合力。利用混酸溶液进行浸泡，经过化学反应和物理过程，将它们溶解和剥离，获得洁净的表面。

（4）反应原理：磷化反应是一个复杂的化学物理过程，磷化液不同、反应温度不同、促进剂不同、材质不同等，反应差别很大，反应机理各不相同。早在20世纪60年代，Ghaili 等人，对锌系磷化过程的电位—时间做过研究，提出了著名的 Ghaili 五步机理：A-B 为阳极溶解、B-C 氧化结晶、C-D 溶解成膜、D-E 成膜、E-F 膜增厚，如图4-2 所示。

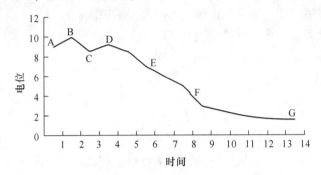

图4-2　Ghaili 磷化机理电位-时间曲线
（由于不同的磷化液的电位和时间都不相同，故均无单位）

后来很多人在这方面做了研究工作，发现反应机理各不相同，一般现代公认的有4个基本过程，如图4-3 所示：A-B 溶解、B-C 氧化、C-D 成膜、D-E 膜增厚。

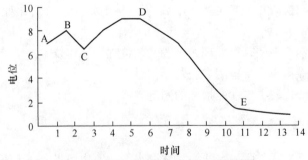

图4-3　现代磷化机理电位-时间曲线
（由于不同的磷化液的电位和时间都不相同，故均无单位）

在整个磷化过程中，有磷化反应，同时也伴随着大量的副反应，最终生成沉渣。以下以一般磷化反应为例，主要反应有：

溶解：$Fe-2e \longrightarrow Fe^{2+}$，$2H+2e \longrightarrow 2[H] \longrightarrow H_2$

氧化：$[O]+2H \longrightarrow H_2O$，$Fe^{2+}+[O] \longrightarrow Fe^{3+}$，$Fe^{3+}+Fe \longrightarrow 2Fe^{2+}$

成膜：$H_3PO_4 \Longleftrightarrow H_2PO_4^- + H^+ \Longleftrightarrow HPO_4^{2-} + 2H^+ \Longleftrightarrow PO_4^{3-} + 3H^+$，

$$Zn^{2+} + Fe^{2+} + PO_4^{3-} + H_2O \longrightarrow Zn_2Fe(PO_4)_2 \cdot 4H_2O \downarrow$$

$$Zn^{2+} + PO_4^{3-} + H_2O \longrightarrow Zn_3(PO_4)_2 \cdot 4H_2O \downarrow$$

$$(Me^{2+}Fe^{2+}) + PO_4^{3-} + HPO_4^{2-} + H_2O \longrightarrow (Me^{2+}Fe^{2+})_5H_2(PO_4) \cdot 4H_2O \downarrow$$

膜增厚：继续成膜反应。

副反应：$Fe^{3+} + PO_4^{3-} \longrightarrow FePO_4 \downarrow$（沉渣）

4.2.3　实验仪器和试剂：

（1）仪器：烧杯（200mL）5只、温度计2支、台秤1台、量筒（100mL）1只、干燥箱1台、秒表1块、移液管（10mL）1支、容量瓶（100mL）1只、分析天平1台。

（2）材料：20mm×40mm×0.5mm普通铁片10片、180~360号砂纸1张、细铁丝50cm、0.5~5精密pH试纸1本、1~14pH试纸1本。

（3）试剂（C.P）：氢氧化钠、碳酸钠、（多、偏）磷酸钠、乳化剂（OP-10）、12烷基硫酸钠、硫酸、磷酸、盐酸、硫酸镍、硝酸钠、钼酸钠、磷酸二氢钠、氯化钠等。

4.2.4　实验内容与步骤

4.2.4.1　磷化处理

（1）前处理工艺配方：

1）脱脂液：氢氧化钠5g/L、碳酸钠15g/L、磷酸钠5g/L、乳化剂（OP-10）2g/L、12烷基硫酸钠0.5g/L，温度为40~60℃，浸泡时间为5~15min。

2）酸洗液：硫酸10mL/L、磷酸5mL/L、盐酸500mL/L、乳化剂（OP-10）0.2g/L，常温浸泡5~10min。

（2）磷化工艺配方：

1）磷酸二氢钠40g/L、硫酸镍3g/L、硝酸钠35g/L、钼酸钠0.2g/L、亚硝酸钠0.2g/L、pH值为3.0~3.3、温度为30~35℃、磷化时间为15~20min、磷酸（调pH值）。

2）溶液配制：按上述各配方，分别配制200mL溶液。磷化液配制时，钼酸钠单独配制并且最后加入，否则易形成难溶的磷酸盐沉淀。

（3）磷化操作步骤：首先将规格为20mm×20mm×1mm铁片浸入脱脂液进行脱脂处理，取出后用清水冲洗2~3次，当铁片表面呈均匀水膜后即可；再将铁片放入酸洗液中进行除锈处理，当铁片表面形成均匀的色泽后，取出用清水冲洗2~3次即可（如果铁片表面水膜不均，需要重新进行脱脂、酸洗）。将处理好的铁片立即吊挂入磷化液中，铁片下端距离容器底部为1~1.5cm处，铁片上部在液面以下 1~1.5cm 处，磷化膜长好后，立即取出用清水冲洗干净，沥去大量水珠后，放在干燥箱内，在 60~80℃ 保温烘干处理 5~8min，取出备用。

（4）封闭：5g/L 的 CrO_3 溶液，温度为 80~90℃，浸泡时间为 2~3min，取出晾干即可。

4.2.4.2　拍照

对空白试样和磷化后的试样进行拍照，对比表面形貌。

4.2.4.3　性能测试

A　测量膜重

磷化膜的单位膜重测定可按国际标准化组织《金属材料上的转化膜—单位面积上的膜层质量的测定—重量法》（ISO 3892—2000）的规则进行。具体方法如下：

干燥后磷化处理的规格为 20mm×20mm×1mm 试片（面积为 A）用分析天平称重，准确到 0.1mg，记录质量为 m_1（以 mg 为单位）。然后将试片浸入脱膜试剂（每升含氢氧化钠 100g，EDTA90g，三乙醇胺 4g 的水溶液）中 15min，保持温度在 45℃。立即用清洁的流水冲洗，再用蒸馏水冲洗，迅速干燥，再称重。重复操作，直到得到一个稳定的重量为止。记录质量 m_2（以 mg 为单位），每个试片都要用新鲜的试剂处理。根据下面公式计算膜重。

$$m_A = (m_1 - m_2)/A \times 10$$

式中　m_A——单位表面积膜重，g/m^2；

　　　m_1——有磷化膜试片的质量，mg；

　　　m_2——脱膜后试片的质量，mg；

　　　A——试片表面积，cm^2。

B　耐蚀性能的测定

（1）硫酸铜点滴试验：用滴管在试样上滴一滴硫酸铜溶液，观察试样由蓝色变为浅红色的时间，此时间为硫酸铜点滴时间。这种方法所用试剂配方如下：

10% 的 $CuSO_4$ 溶液　　40mL

10% 的 NaCl 溶液　　20mL

0.1N 的 HCl　　1mL

（2）氯化钠溶液浸泡试验：把覆盖有磷化膜的试样浸于浓度为 3% 的氯化钠溶液中，温度为室温，观察其表面生锈的时间。

4.2.5　数据处理

在实验报告中，简要论述实验目的、原理和实验内容。实验内容应包括实验方法和过程、实验结果和讨论等，并包括以下的内容。

（1）将实验中的现象与原理联系起来。

（2）测量磷化膜的重量。

（3）硫酸铜点滴实验结果。

（4）浸泡试验结果。

4.2.6　思考题

（1）磷化处理有哪些实际应用？

（2）硫酸铜点滴实验溶液变红的原因？

4.3　铝的阳极氧化与着色实验

4.3.1　实验目的

（1）了解铝阳极氧化的原理和掌握阳极氧化工艺。

（2）氧化膜着色工艺操作。

4.3.2　基本原理

金属或合金的电化学氧化。将金属或合金的制件作为阳极，采用电解的方法使其表面形成氧化物薄膜。金属氧化物薄膜改变了表面状态和性能，如表面着色、提高耐腐蚀性、增强耐磨性及硬度，保护金属表面等。

4.3.2.1　阳极氧化原理

利用电化学方法，可以使铝或铝合金表面生成致密的优质氧化膜，能有效地提高铝的耐腐蚀性。另外，由于所形成的氧化膜存在均匀的孔隙，可以用有机染料或电解法进行着色处理，封密后，色泽稳定。这种使铝的表面氧化的电化学工艺称为铝的阳极氧化。若以 Al 为阳极，Pb 为阴极，H_2SO_4 溶液为电解质，电解时的电极反应为：

阴极：
$$6H^+ + 6e =\!=\!= 3H_2 \uparrow$$

阳极：
$$2Al - 6e =\!=\!= 2Al^{3+}$$

$$2Al^{3+} + 6H_2O =\!=\!= 2Al(OH)_3 + 6H^+$$

$$2Al(OH)_3 =\!=\!= Al_2O_3 + 3H_2O$$

同时，由于阳极反应生成的 H^+ 和电解质 H_2SO_4 中 H^+ 都能使所形成的氧化膜发生溶解：

$$Al(OH)_3 + 6H^+ =\!=\!= Al^{3+} + 3H_2O$$

因此，要使 Al_2O_3 氧化膜顺利形成并达到一定厚度，必须使电极上氧化膜形成的速率大于氧化膜溶解的速率，这就要求通过控制一定的氧化条件来实现。

4.3.2.2　着色的原理

氧化膜的表面是多孔的，在这些孔隙中可吸附染料或结晶水。有机染料的着色机理比较复杂，一般认为：（1）有机染料只是物理吸附在氧化铝膜的表面；（2）有机染料分子与氧化铝发生化学反应，这种反应可以是氧化膜与染料分子上的磺基形成共价键、与酚基形成氢键或与染料分子形成络合物等。

影响着色的因素：（1）氧化膜质量好坏；（2）着色液的种类、浓度及处理条件。

4.3.3　实验仪器和试剂

（1）仪器：WYK10020直流稳压稳流电源、烧杯、镊子、吹风机，刮刀；

（2）试剂：硫酸、草酸、磷酸、添加剂等和铝合金试样。

4.3.4　实验内容与步骤

（1）溶液配制。

（2）样品制备。

1）将铝合金切割成 $50mm \times 25mm \times 1mm$，然后砂纸进行打磨，达到光亮效果，以去除表面缺陷。

2）碱洗。碱洗是为了除去试样表面油垢，用 $50g/L$ 的 NaOH，$40g/L$ 的 Na_2CO_3，$10g/L$ 的 $Na_3PO_4 \cdot 12H_2O$ 配制的碱性洗液，用毛刷清洗干净试样表面，用自来水冲洗干净试样表面碱液。

3）酸洗。酸洗是为了除去金属表面的氧化物、嵌入试样表面的污垢以及附着的冷加工屑等。在10%的 HCl、室温下浸泡3min，用自来水清洗，再用蒸馏水清洗干净试样表面。

4）铝合金阳极氧化膜的制备。将试样放入氧化液中，控制电流密度，恒定电压，保持沉积时间50min。

5）水洗吹干：用蒸馏水清洗试样表面，再用吹风机吹干试样。

6）着色处理：阳极氧化实验结束后，进行有机染料浸渍着色处理。将氧化后的铝片经自来水、蒸馏水冲洗干净，于 40～60℃ 放入红色染料（2～8g/L）、绿色染料（2～8g/L），黑色染料 HKB（2～8g/L）着色液中分别着色5min、15min 和30min（注意无需对着色液进行任何调整）。着色后将表面染料冲洗，放入沸水中封闭10min，取出吹干。

（3）宏观形貌表征。利用相机对原始试样、氧化试样和着色试样进行拍照。

（4）绝缘性实验。用万用电表测定原始试样、氧化试样和着色试样表面的电阻。

4.3.5　数据处理

根据实验结果，比较原始试样、氧化后试样、着色后试样的宏观形貌和电阻值的区别，并填入表4-1中。

表4-1　实验现象记录

试样	宏观形貌	电阻值
原始试样		
氧化后的试样		
着色后的试样（5min）		
着色后的试样（15min）		
着色后的试样（30min）		

4.3.6　思考题

（1）简述阳极氧化溶液的配制过程。
（2）简述阳极氧化膜的制备过程。
（3）陈述不同着色时间对着色效果的影响。
（4）陈述铝合金为什么氧化后才能着色。

4.4　重量法测定金属的腐蚀速度实验

4.4.1　实验目的

（1）通过实验掌握金属腐蚀指示片试验处理方法。
（2）通过实验了解某些因素（如不同的介质、浓度、缓蚀剂）对金属腐蚀速度的影响。
（3）掌握用重量法测定金属腐蚀速度的原理和方法。

4.4.2　实验原理

重量法测定金属的腐蚀速度是把金属做成一定形状和大小的试件，在一定的条件下（如一定的温度、压力、介质浓度等），经腐蚀介质一定时间的作用后，比较腐蚀前后该试片的重量变化，从而确定腐蚀速度的一种方法。

对于均匀腐蚀，根据腐蚀产物容易除去，或完全牢固地附在试件表面的情况，可分别采用单位时间，单位面积上金属腐蚀后的重量损失或重量增加来表示腐蚀速度 $v(g/m^2 \cdot h)$。

$$v = \frac{\Delta W}{A \times t}$$

式中 ΔW——试验前后指示片的重量变化，g；

A——试件的表面积，m^2；

t——试件腐蚀的时间，h。

4.4.3 实验仪器和试剂

500mm×30mm×5mm 玻璃板 1 块、钢样试件 1 块、镊子 1 把、丙酮、无水乙醇、药棉、干燥器 1 只、250mL 烧杯 2 只、0～100℃温度计 1 支、砂皮纸及金相砂纸若干。

实验溶液：3％的 HCl 溶液、3％ HCl 溶液+0.5％ Lan-826 缓蚀剂。

4.4.4 实验内容与步骤

（1）经刨床加工一定形状的腐蚀指示片，用砂皮纸打磨到具有一定的光洁度，在打磨时把砂皮纸铺于平放的玻璃板上，用手指按着试样沿着一个方向均匀打磨，打磨到一定程度后将试样转换 90°方向并继续打磨。直到机械加工的纹条消失为止。

（2）再将试片依次用金相砂皮纸（标号从低到高）打磨，直到前一次的磨痕消失为止。

（3）测量试片的表面积，并作为以后的试验备用。

（4）用滤纸小心消除表面黏附的残屑，然后用少量的药棉浸沾无水乙醇擦洗脱脂，自然风干，并放入干燥器内。

（5）将干燥的金属指示片放在分析天平上称量（准确到 0.05～0.1mg）。

（6）分别取 200mL 下列溶液放在标记为 A 和 B 的两只 250mL 干净烧杯中：A 为 3％ HCl；B 为 3％ HCl+0.5％缓蚀剂。

（7）将试样用尼龙丝悬挂，分别浸入恒温 40℃ 的上述腐蚀介质中，每种试样浸泡深度大致一样，上端应在液面以下 2cm。

（8）自试样浸入溶液开始记录时间，半小时后将试样取出，用除盐水清洗，观察和记录试件表面现象。

（9）用软纸擦净试件表面，放入干燥器干燥。腐蚀产物去除原则是除去全部腐蚀产物，尽可能不磨损基体金属。

（10）干燥后的试件用分析天平称量。

4.4.5 数据处理

（1）观察金属试样腐蚀后的外形，确定腐蚀是均匀的还是不均匀的，观察腐蚀产物的颜色分布情况以及金属表面结合是否牢固。

（2）观察溶液颜色有否变化，是否有腐蚀产物的沉淀。

（3）计算各试件的腐蚀速度，根据下式可计算：

3% HCl 溶液中 0.5% Lan-826 缓蚀剂的缓蚀率：

$$缓蚀率 = \frac{v - v'}{v} \times 100\%$$

式中　v——未加缓蚀剂的腐蚀速度；

　　　v'——加入缓蚀剂的腐蚀速度。

4.4.6 思考题

（1）为什么对金属指示片的表面光洁度要求这样高？

（2）什么叫缓蚀剂，为什么要加缓蚀剂，怎样计算缓蚀率？

（3）分析重量法测定金属腐蚀速度的误差来源和适用范围。

（4）重量法测定金属的腐蚀速度是否适用于评价局部腐蚀，为什么？

4.5　阳极钝化曲线测量及分析实验

4.5.1 实验目的

（1）掌握用动电位伏安法测量阳极钝化曲线。

（2）学习分析极化曲线。

4.5.2 实验原理

动电位伏安法是利用慢速线性电压扫描信号控制恒电位仪，使电位信号连续线性变化，用数据处理器采集电流信号，处理数据并绘制极化曲线。

为了测得稳态极化曲线，扫描速度必须足够慢，可依次减小扫描速度测定若干条极化曲线，当继续减小扫描速度而极化曲线不再明显变化时，就可确定此速度来测量该体系的极化曲线，但有些电极测量时间越长，表面状态及其真实面积变化的积累越严重，在这种情况下就不一定测稳态极化曲线，而测非稳态或准稳态极化曲线来比较不同体系的电化学行为以及各种因素对电极过程的影响。

动电位伏安法的实验线路如图4-4所示。

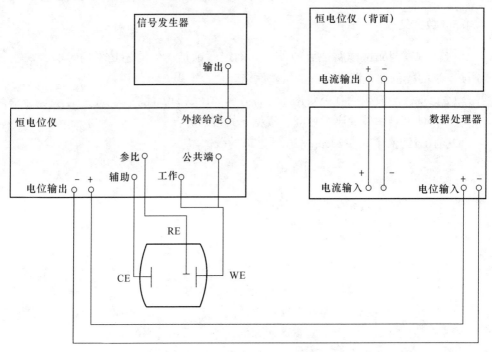

图4-4　动电位伏安法测量阳极钝化

　　其中恒电位仪是中心环节，它保证研究电极电位随给定电位的变化而变化。要使恒电位仪的给定电位发生线性扫描必须接上信号发生器，即把信号发生器的输出端与恒电位仪的"外接给定"端连接起来，而且接地端彼此相连，根据实验需要选择扫描速度以及初始和结束电位。

　　实验过程中研究电极电位及电流信号的采集和处理在数据处理器中完成，并在处理器中直接绘制极化曲线。

　　本实验用动电位法测定碳钢在硫酸（0.5mol/L）中的极化曲线。

4.5.3　实验仪器与材料

　　（1）电化学腐蚀测试系统。

　　（2）饱和甘汞电极和盐桥、铂电极1套、电解池（六口瓶）1个、硫酸（0.5mol/L）1L、碳钢试件1个、金相砂纸，电解池夹具等若干。

4.5.4　实验内容与步骤

　　（1）将铁电极用金相砂纸逐级打磨，用酒精棉脱脂，去离子水冲洗。

　　（2）以铂电极为辅助电极，饱和甘汞电极为参比电极，与铁电极（工作电极）组成三电极体系。

（3）分别打开电化学腐蚀测试系统，将工作电极、参比电极和辅助电极与恒电位仪"电解池"中相应接头相连。

（4）打开电脑中的实验软件，观察电脑中记录的极化曲线，曲线依次出现活性溶解区、活化-钝化过渡区、钝化区和过钝化区，待过钝化区出现较明显时，停止采集，信号发生器停止扫描。

（5）保存实验曲线，打印后附在实验报告上。

4.5.5　数据处理

（1）粗略画出你实验中得到的极化曲线，标出阳极极化曲线的活化区，活化/钝化过渡区，钝化区和过钝化区。

（2）写出开路电位，致钝电位，致钝电流数值。

（3）写出维钝电流和过钝化电位数值。

4.5.6　思考题

（1）在极化曲线测量时对工作电极、参比电极、辅助电极的主要要求是什么？

（2）盐桥和鲁金毛细管主要起什么作用？为什么通氮气？

（3）从曲线判断试样是否钝化，是自发钝化还是经极化诱导的钝化？

（4）致钝电位应接近还是远离 E_{corr}，致钝电流应较小还是较大时表示试样易于钝化？

（5）写出维钝电流和过钝化电位数值。维钝电流小还是大时表示钝化程度更高？过钝化电位越正表示钝化膜越稳定还是越不稳定？

4.6　线性极化法测量金属的腐蚀速度实验

4.6.1　实验目的

（1）了解用线性极化技术测定金属腐蚀速度的原理及其适应范围。

（2）学习应用线性极化技术测定金属腐蚀速度的方法。

（3）学会使用塔菲尔曲线计算极化电阻、斜率和腐蚀电流。

（4）学会用 Stern 公式计算腐蚀速度。

4.6.2　实验原理

线性极化法也称极化电阻法，是基于金属腐蚀过程的电化学本质而建立起来的一种快速测定腐蚀速度的电化学方法。由于极化电流很小，所以不致破坏试样的表面状态，用一个试样可作重复连续测试，并适用于现场监控。线性极化的含意就是指在腐蚀电位附近，当 $\Delta\varphi \leqslant 10\text{mV}$ 时，极化电流 i 与极化电位 $\Delta\varphi$ 之间存在着线性规律。对于由电化学步骤控制的腐蚀体系，存在下列关系式：

该公式即是线性极化法的 Stern 公式：

$$i_{\text{corr}} = \frac{i}{\Delta\varphi} \frac{b_a b_k}{2.303(b_a + b_k)}$$

式中，$i/\Delta\varphi$ 的倒数称为极化电阻，$R_p = \Delta\varphi/i$；b_a 和 b_k 分别为阳极和阴极的 Tafel 常数，即是两条外延直线的斜率。腐蚀体系的极化电阻 R_p 可以通过恒电流法、恒电位法、动电流法、动电位法和交流阻抗法等测出。根据测试获得的极化电阻 R_p 和 Tafel 曲线的 b_a 和 b_k，用 Stern 公式，即可求出腐蚀电流密度 i_{corr}。由 i_{corr} 再根据法拉第定律算出金属的腐蚀速度 v（失重指标）。在腐蚀过程中，腐蚀电流密度（i_{corr}）表示在金属样品上，单位时间单位面积内通过的电量（库仑数）。通过法拉第定律电化学当量换算，得到金属腐蚀速度：

$$v = \frac{i_{\text{corr}}}{F} \cdot \frac{A}{n} = \frac{i_{\text{corr}}}{F} N = 3.73 \times 10^{-4} i_{\text{corr}} N$$

式中　A——金属的原子质量；

$\quad\quad$ n——金属离子的价数；

$\quad\quad$ F——法拉第常数，96500 C 或 26.8A·h。

若 i_{corr} 的单位取 $\mu\text{A/cm}^2$，电极的腐蚀速度 v 的单位为 $\text{g/(m}^2 \cdot \text{h)}$：

$$v = 3.73 \times 10^{-4} i_{\text{corr}} N$$

4.6.3　实验设备及材料

PS-1 型恒电位仪；黄铜、20 钢、不锈钢试样各 1 个；3.5% NaCl 溶液。

4.6.4　实验内容与步骤

（1）试样准备。本实验采用黄铜、20 钢、不锈钢电极，其电极为三电极系统。

（2）试样处理。实验前应将试样的工作面积用 360 号砂纸打磨至光亮，除油（丙酮擦洗），清洗（蒸馏水），用电吹风吹干，留出工作面积 1cm^2，其余封蜡（透明胶带纸封或 AB 胶封）。

（3）接上三电极体系，并用 PS-1 型恒电位仪分别测出黄铜、20 钢、不锈钢在 3.5% 的 NaCl 溶液中的极化曲线，求出腐蚀电流并计算腐蚀速度，最后计算出金属的腐蚀速度。

4.6.5 数据处理

（1）根据实验所得的极化电阻和自腐蚀电流密度数据计算各自的腐蚀速度，并将所得数据填入表4-2。

表4-2 实验数据记录表

试样材料	黄铜	20钢	不锈钢
极化电阻值 R_p			
腐蚀电流 i_{corr}			
腐蚀速度 v			

（2）试述用线性极化法测金属腐蚀速度的基本原理。

4.6.6 思考题

（1）极化电阻与自腐蚀电流密度关系式成立应具备哪些条件？

（2）在应用线性极化技术测定金属腐蚀速度时，影响测量准确性的因素有哪些？

（3）线性极化法测定金属的腐蚀速度适用于什么体系？

第二篇　高分子材料的合成与性能

5 高分子的合成

5.1　苯乙烯的自由基悬浮聚合和乳液聚合实验

5.1.1　实验目的

（1）通过对苯乙烯单体的自由基悬浮聚合和乳液聚合，了解自由基聚合的不同实施方法，并对不同聚合方法和结果进行对比。

（2）通过对比不同量乳化剂对乳液聚合反应速度和产物的相对分子质量的影响，从而了解乳液聚合的特点，了解乳液聚合中各组分的作用，尤其是乳化剂的作用，掌握制备聚苯乙烯胶乳的方法，以及用电解质凝聚胶乳和净化聚合物的方法。

（3）学习悬浮聚合的实验方法，了解悬浮聚合的配方及各组分的作用，了解悬浮剂的分散机理、搅拌速度、搅拌器形状对悬浮聚合物粒径等的影响。

5.1.2　实验原理

自由基聚合反应包括链引发、链增长、链终止3个部分。当体系中含有链转移剂时，还会引起链转移反应，导致聚合物分子量下降。不同要求的产品，可通过不同的聚合方法来得到。自由基聚合的实施方法主要有本体聚合、溶液聚合、悬浮聚合、乳液聚合，它们各有优缺点。

悬浮聚合是通过强力搅拌并在分散剂的作用下，把单体分散成小液珠悬浮于分散介质中（与单体不互溶的液体），由溶于单体不溶于分散介质的引发剂引发而进行的聚合反应。悬浮聚合克服了本体聚合中散热困难的问题，但因珠粒表面附有分散剂，使纯度降低。

在悬浮聚合体系中，单体不溶或微溶于分散介质，引发剂只溶于单体，分散介质是连续相，单体为分散相，是非均相聚合反应。但聚合反应发生在各个单体液珠内，对每个液珠而言，从动力学的观点看，其聚合反应机理与本体聚合一样，每一个微珠相当于一个小的本体，因此悬浮聚合也称小珠本体聚合。单体液珠在聚合反应完成后成为珠状的聚合产物。

本实验以水为分散介质，苯乙烯为单体，聚乙烯醇为分散稳定剂，过氧化苯甲酰为引发剂，进行悬浮聚合反应可得到聚苯乙烯微珠。在聚合过程不溶于水的单体依靠强力搅拌的剪切力作用形成小液滴分散于水中，单体液滴与水之间的界面张力使液滴呈圆珠状，但它们相互碰撞又可以重新凝聚，即分散和凝聚是一个可逆过程。当微珠聚合到一定程度，珠子内粒度迅速增大，珠与珠之间很容易碰撞黏结，不易成珠子，甚至黏成一团。为了阻止单体液珠在碰撞时不再凝聚，必须加入分散剂，选择适当的搅拌器与搅拌速度。分散剂在单体液珠周围形成一层保护膜或吸附在单体液珠表面，在单体液珠碰撞时，起隔离作用，从而阻止或延缓单体液珠的凝聚。悬浮聚合产物的颗粒尺寸大小与搅拌速度、分散剂用量及油水比（单体与水的体积比）成反比。由于悬浮聚合过程中存在分散-凝聚的动态平衡，随着聚合反应的进行，一般当单体转化率达 25% 左右时，由于液珠的黏性开始显著增加，使液珠相互黏结凝聚的倾向增强，易凝聚成块，在工业生产上常称这一时期为"危险期"，这时特别要注意保持良好的搅拌。

乳液聚合是指单体在乳化剂的作用下，分散在介质中加入水溶性引发剂，在机械搅拌或振荡情况下进行非均相聚合的反应过程。它不同于溶液聚合，又不同于悬浮聚合，它是在乳液的胶束中进行的聚合反应，产品为具有胶体溶液特征的聚合物胶乳。

乳液聚合体系主要包括：单体、分散介质（水）、乳化剂、引发剂，还有调节剂、pH 缓冲剂及电解质等其他辅助试剂，它们的比例大致如表 5-1 所示。

表 5-1　乳液聚合体系各配方比例

水（分散介质）	60%~80%（占乳液总质量）	单体	20%~40%（占乳液总质量）
乳化剂	0.1%~5%（占单体质量）	引发剂	0.1%~0.5%（占单体质量）
其他	少量	调节剂	0.1%~1%（占单体质量）

乳化剂是乳液聚合中的主要组分，当乳化剂水溶液超过临界胶束浓度时，开始形成胶束。在一般乳液配方条件下，由于胶束数量极大，胶束内有增溶的单体，所以在聚合早期链引发与链增长绝大部分在胶束中发生，以胶束转变为单体-聚合物颗粒，乳液聚合的反应速度和产物相对分子质量与反应温度、反应地点、单体浓度、引发剂浓度和单位体积内单体-聚合物颗粒数目等有关。而体系中最终有多少单体-聚合物颗粒主要取决于乳化剂和引发剂的种类和用量。当温度、单体浓度、

引发剂浓度、乳化剂种类一定时，在一定范围内，乳化剂用量越多．反应速度越快，产物相对分子质量越大。乳化剂的另一作用是减少分散相与分散介质间的界面张力，使单体与单体-聚合物颗粒分散在介质中形成稳定的乳液。

乳液聚合的优点是：（1）聚合速度快，产物相对分子质量高。（2）由于使用水作介质，易于散热，温度容易控制，费用也低。（3）由于聚合形成稳定的乳液体系黏度不大，故可直接用于涂料、黏合剂、织物浸渍等。如需要将聚合物分离，除使用高速离心外，亦可将胶乳冷冻或加入电解质将聚合物凝聚，然后进行分离，经净化干燥后，可得固体状产品。

它的缺点是：聚合物中常带有未洗净的乳化剂和电解质等杂质，从而影响成品的透明度、热稳定性、电性能等。

尽管如此，乳液聚合仍是工业生产的重要方法，特别是在合成橡胶工业中应用得最多。

在乳液聚合中，单体用量、引发剂用量、水的用量和反应温度一定时，仅改变乳化剂的用量，则形成胶束的数目要改变，最终形成的单体-聚合物颗粒的数目也要改变。乳化剂用量多时，最终形成的单体-聚合物颗粒的数目也多，那么，它的聚合反应的速度及聚合物相对分子质量也就大。

本实验的目的就是通过改变乳化剂的用量，在一定的聚合时间内，测量它的转化率及聚合物的相对分子质量。通过这些数据，讨论乳化剂用量对聚合反应速度及相对分子质量的影响。

5.1.3 实验仪器和试剂

（1）仪器：三口烧瓶、锥形瓶、回流冷凝管、电动搅拌器、恒温水浴、温度计、量筒、移液管、烧杯、表面皿、布氏漏斗、抽滤瓶、循环水真空泵、分析天平等。

（2）试剂：苯乙烯、过硫酸钾 $K_2S_2O_8$、亚硫酸钠 $Na_2S_2O_3$、过氧化苯甲酰（BPO）、聚乙烯醇（PVA）、十二烷基磺酸钠、硫酸铝、氢氧化钠、氯化钡、乙醇、去离子水。

试验的反应装置如图 5-1 所示。

5.1.4 实验内容与步骤

5.1.4.1 悬浮聚合

按图 5-1 正确安装仪器。用分析天平精确称量 0.300g 的 BPO 于 100mL 锥形瓶中，加入 16mL 苯乙烯，轻轻摇动使其溶解后，倒入三口烧瓶内，再加入 20mL 含 1.5% 的 PVA 溶液（另一组可加 3% 的 PVA），最后用 130mL 去离子水分别冲洗锥形瓶和量筒加入三口烧瓶中，再加入 0.1% 次甲基蓝水溶液数滴，插上温度计。

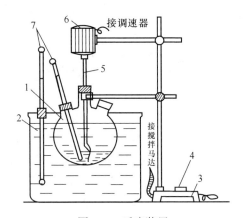

图 5-1 反应装置

1—三口烧瓶；2—恒温水浴；3—搅拌器底座；

4—调速器；5—搅拌棒；6—搅拌马达；7—温度计

通冷凝水，开动搅拌器并控制转速恒定，使单体能够均匀地分散在介质中，水浴加热使烧瓶内的温度上升至 85~90℃，开始聚合反应。反应 1.5~2h 后，如此时珠子已向下沉，可升温至 95℃，用吸管吸取少量颗粒于表面皿中，如颗粒已不再发黏，表明大部分单体已聚合，可停止加热，在搅拌状态下冷却到室温，也可以用冷水冷却至室温后结束反应，反应时间大约 3h 左右。

将所得聚合物颗粒用布什漏斗过滤，用热的去离子水洗涤数次，除去水溶性分散剂，然后置于培养皿中，放入真空烘箱中，在 50℃温度下烘干至恒重，称重，求出产率。

悬浮聚合的产物颗粒的大小与分散剂的用量及搅拌速度有关系，严格控制搅拌速度和温度是反应是否成功的关键。为了防止反应结块，可加入及少量的乳化剂以稳定颗粒。若反应中苯乙烯的转化率不够高，则在干燥过程中颗粒中会出现小气泡，可利用反应后期提高反应温度并适当延长反应时间来解决。如果聚合过程中发生停电或聚合物粘在搅拌棒上等异常现象，应及时降温终止反应并倾出反应物，以免造成仪器报废。

5.1.4.2 乳液聚合

本实验分两组进行，第一组乳化剂用量为 0.8000g；第二组乳化剂用量为 0.4000g。乳化剂选用十二烷基磺酸钠。

准确称取 0.6g 引发剂过硫酸钾 $K_2S_2O_8$，0.4g 还原剂亚硫酸钠 $Na_2S_2O_3 \cdot 5H_2O$ 分别放于干净的 50mL 烧杯中，各加入 10mL 去离子水（或蒸馏水）溶解备用。

在装有温度计、搅拌器、冷凝管的 250mL 三口烧瓶中加入 70mL 去离子水（或蒸馏水）、乳化剂，开始搅拌并水浴加热，当乳化剂溶解后，加入 15mL 苯乙烯单体，搅拌 5min，瓶内温度达 75℃时，用移液管准确加入 $K_2S_2O_8$ 溶液

及 $Na_2S_2O_3 \cdot 5H_2O$ 溶液各 1mL，升温至 85℃左右，并维持此温度 45min，而后停止加热（温度不能太高，否则容易破乳），降温至 45℃以下时出料。判断乳液聚合是否发生，可观察瓶中乳液是否出现浅蓝色乳光，如出现则表明已存在一定尺寸的乳胶粒，若 15min 内无明显变化，可适量补加 1∶1 的引发剂和还原剂溶液，直至反应引发。

将乳液倒入 500mL 烧杯中，在搅拌下加 3g 的 Al_2SO_4，搅拌使乳液凝聚。用布氏漏斗吸滤，吸滤后的聚合物用热水（80℃左右）洗涤至用 1% 的 $BaCl_2$ 溶液，检查无 SO_4^{2-} 为止。将过滤后的聚合物用 25mL 乙醇浸渍 1h，去除未反应的单体，再抽滤并用 10mL 新鲜乙醇洗涤产品（乙醇液需回收），最后把产物抽干，放于 50 ~ 60℃烘箱中干燥，称重，计算转化率并测定相对分子质量。

5.1.5　思考题

（1）根据乳液聚合机理和动力学解释乳液聚合反应速度快和相对分子质量高的特点。

（2）为了做好条件对比实验，在实验中应特别注意哪些问题？

（3）试说明在后处理中聚合物用热水及乙醇处理的目的是什么？

（4）根据实验结果，讨论乳化剂在乳液聚合中的作用。

（5）悬浮聚合的原理以及各组分的作用是什么，如何控制聚合物粒度？试分析分散剂的作用是什么。

5.1.6　附录

一点法测定黏均分子量的过程如下。

准确称量 0.18 ~ 0.20g 聚苯乙烯试样于干燥洁净的 25mL 容量瓶中，加入 20mL 甲苯溶解，其余处理及测定方法见黏度试验。在 25℃ 条件下测得 t 及 t_0，后求出增比黏度 η_{sp} 和相对黏度 η_r，再按下述经验公式计算分子量 M_η：

$$[\eta] = KM^a, \quad [\eta] = [2(\eta_{sp} - \ln\eta_r)]^{1/2}/c$$

式中，$\eta_r = t/t_0$；$\eta_{sp} = \eta_r - 1$；c 为溶液浓度；在 25℃聚苯乙烯-甲苯体系中 $K = 1.72 \times 10^2$；$a = 0.69$。

5.2　乙酸乙烯酯的自由基乳液聚合实验

5.2.1　实验目的

（1）了解乙酸乙烯酯乳液聚合体系与典型乳液聚合体系的区别。

（2）掌握实验室制备聚乙酸乙烯酯乳胶的技术。

5.2.2　实验原理

大多数乳液聚合反应体系中，乳化剂的浓度为 2% ~ 3%，超过 CMC 值的 1 ~ 3 个数量级。乳化剂分为阴离子型、阳离子型、非离子型。阴离子乳化剂在碱性溶液中稳定，遇酸和金属离子会生成不溶于水的酸或金属盐，使乳化剂失效。阳离子乳化剂乳化能力差，且影响引发剂分解，在 pH 小于 7 的条件下使用。非离子乳化剂的亲水部分为聚乙二醇链段，它常与阴离子乳化剂配合使用，可以提高乳液的抗冻能力，改善聚合物粒子的大小和分布。

不同单体在水中的溶解度不一样，如乙酸乙烯酯、甲基丙烯酸甲酯、丁二烯、苯乙烯在水中的溶解度分别为 2.5%、1.5%、0.08%、0.04%，这会影响到乳液聚合反应。如水溶性高的单体，乳胶粒的均相成核的可能性增加，水相聚合的概率也会上升，乳胶粒中的短链自由基也易于脱吸附。对于大多数单体而言，仅小部分溶解在水中，另有小部分增溶于胶束中。甲基丙烯酸甲酯、丁二烯、苯乙烯，增溶部分分别是水溶部分的 2.5 倍和 40 倍，乙酸乙烯酯却只有百分之几。在微乳液聚合中，因乳化剂用量极高，几乎所有的单体被增溶在胶束中，形成 20nm 左右的增溶胶束。

乙酸乙烯酯乳液聚合机理与一般乳液聚合机理相似，但是乙酸乙烯酯在水中有较高的溶解度，而且容易水解，产生的乙酸会干扰聚合，因而具有一定的特殊性。乙酸乙烯酯的自由基比苯乙烯自由基更活泼，链转移反应更加显著。工业生产中习惯使用聚乙烯醇来保护胶体，同时使用乳化剂，以起到更好地乳化效果和稳定性。乙酸乙烯酯乳液聚合的产物被称为白乳胶（或简称 PVAc 乳液），为乳白色稠厚液体。白乳胶可常温固化，固化较快，对木材、纸张、织物有很好的黏着力，胶黏强度高，固化后胶层无色透明，韧性好，不污染被黏结物。被广泛用于印刷装订和家具制造，用作纸张、木材、布、皮革、陶瓷等的黏结剂，乳液稳定性好，储存期可达半年以上。白乳胶耐水性和耐蚀性较差，易在潮湿空气中吸湿，在高温下使用会出现蠕变现象，使胶结强度下降，在 -5℃ 下储存易冻结。

5.2.3　实验仪器与试剂

（1）仪器：磁力搅拌器、回流冷凝管、温度计、三口烧瓶、平衡滴液漏斗、旋转蒸发仪。

（2）试剂：10% 聚乙烯醇（胶体稳定剂）溶液、乙酸乙烯酯、过硫酸铵、碳酸氢钠、邻苯二甲酸二丁酯（增塑剂）、乳化剂 OP-10。

5.2.4　实验内容与步骤

（1）按图 5-1 搭好反应装置，加入 10% 聚乙烯醇 30mL 水溶液，0.8mL 乳化剂 OP-10，升温至 67~70℃，搅拌。

（2）量取 1.3mL 邻苯二甲酸二丁酯加入反应体系中，量取 3mL 过硫酸铵水溶液（6mg/mL）置于三口瓶中，在 66~68℃ 的温度下，在 55min 内缓慢滴加 30.0mL 单体，并保持搅拌。补加 1mL 引发剂溶液，继续反应 20min，如观察体系黏度不大时，继续补加 1mL 引发剂溶液。加热至无回流现象时停止加热，用碳酸氢钠调节 pH 值为 5~7，加入 3mL 邻苯二甲酸二丁酯，常压蒸馏，得最终产品。此白色乳液可直接作为黏合剂使用，也可加入水稀释并混入色料，制备各种油漆（乳胶漆）。

（3）取少量白乳胶，倾倒于洁净的玻璃板表面，观察其成膜性；取两张纸，将白乳胶均匀涂敷在表面，观察其黏结性。取两块表面光滑的木块，涂覆白乳胶，观察其对木材的黏结性。

5.2.5　思考题

（1）以过硫酸盐为引发剂进行乳液聚合时，为什么要控制 pH 值？如何控制？

（2）乙酸乙烯酯的乳液聚合和理想乳液聚合有何区别？

（3）本实验中加入邻苯二甲酸二丁酯的目的是什么？

5.3　苯乙烯-甲基丙烯酸甲酯的自由基悬浮共聚合实验

5.3.1　实验目的

（1）了解悬浮聚合的特点及反应机理。

（2）了解竞聚率的意义及影响共聚物组成的因素。

5.3.2　实验原理

悬浮聚合是通过强力搅拌并在分散剂的作用下，把单体分散成小液珠悬浮于分散介质中（与单体不互溶的液体），由溶于单体不溶于分散介质的引发剂引发而进行的聚合反应。

在悬浮聚合体系中，单体不溶或微溶于分散介质，引发剂只溶于单体，分散介质是连续相，单体为分散相，是非均相聚合反应。但聚合反应发生在各个单体液珠内，对每个液珠而言，从动力学的观点看，其聚合反应机理与本体聚合一样，每一个微珠相当于一个小的本体，因此悬浮聚合也称珠状聚合。单体液珠在聚合反应完成后成为珠状的聚合产物。悬浮聚合克服了本体聚合中散热困难的问题，但因珠粒表面附有分散剂，使纯度降低。悬浮聚合中搅拌速度和分散剂的种类及用量是非常关键的影响因素，直接影响聚合物粒子的大小、形状和粒度分布等。

本实验以水为分散介质，苯乙烯、甲基丙烯酸甲酯为单体，聚乙烯醇为分散稳定剂，过氧化苯甲酰为引发剂，进行悬浮聚合反应可得到聚苯乙烯微珠。在聚合过程不溶于水的单体依靠强力搅拌的剪切力作用形成小液滴分散于水中，单体液滴与水之间的界面张力使液滴呈圆珠状，但它们相互碰撞又可以重新凝聚，即分散和凝聚是一个可逆过程。当微珠聚合到一定程度，珠子内粒度迅速增大，珠与珠之间很容易碰撞黏结，不易成珠子，甚至黏成一团。为了阻止单体液珠在碰撞时不再凝聚，必须加入分散剂，选择适当的搅拌器与搅拌速度。分散剂在单体液珠周围形成一层保护膜或吸附在单体液珠表面，在单体液珠碰撞时，起隔离作用，从而阻止或延缓单体液珠的凝聚。悬浮聚合产物的颗粒尺寸大小与搅拌速度、分散剂用量及油水比（单体与水的体积比）成反比。由于悬浮聚合过程中存在分散–凝聚的动态平衡，随着聚合反应的进行，一般当单体转化率达25%左右时，由于液珠的黏性开始显著增加，使液珠相互黏结凝聚的倾向增强，易凝聚成块，在工业生产上常称这一时期为"危险期"，这时特别要注意保持良好的搅拌。

由于苯乙烯（$r_1 = 0.52$）–甲基丙烯酸甲酯（$r_2 = 0.46$）是具有恒比点的共聚单体。在通常情况下，聚合时共聚物的组成将随着转化率的上升而发生变化，最终产物有较宽的分子量分布。但当甲基丙烯酸甲酯与苯乙烯在恒比点 0.47：0.53（摩尔比）投料时，共聚物组成是和投料比相同的。

用光谱法测定共聚物组成是一种常用的方法，本实验的共聚物可以通过红外光谱和紫外光谱测定组成，但都需要具备标准曲线。红外光谱法选取的特征峰为苯乙烯（St）：$1648.8 \sim 1565.9\,cm^{-1}$，甲基丙烯酸甲酯（MMA）：$1012.5 \sim 975.8\,cm^{-1}$，利用核磁共振测定的共聚物摩尔比 x（MMA 与 St 的摩尔比）与红外光谱的特征峰面积比值 y（A_{MMA}/A_{st}）绘制标准曲线，为 $y = 1.8863x - 0.3384$，$R^2 = 0.9969$。

本实验中两单体于恒比点投料，合成 P（St–MMA）共聚物，并由实际投料比和竞聚率计算理论共聚物组成。再通过红外光谱法分析实际的共聚物组成，对比理论计算结果和实际分析结果，从而了解共聚物组成的影响因素和测定方法。

5.3.3　实验仪器和试剂

（1）仪器：磨口三口烧瓶、磨口球形冷凝管、恒温水浴锅、磁力搅拌机、温度计、表面皿、吸耳球、移液管、玻璃搅拌棒、布氏漏斗及吸滤瓶、循环水真空泵、分析天平、pH计、铝箔、不同目数的铜筛网等。

（2）试剂：经减压蒸馏的苯乙烯和甲基丙烯酸甲酯、经重结晶的偶氮二异丁腈（AIBN）、浆状碳酸镁、去离子水（或蒸馏水）、丁酮、稀硫酸（体积分数5%）。

5.3.4 实验内容与步骤

5.3.4.1 共聚反应

（1）正确安装仪器（见图5-1）。

（2）精确称量0.200g的AIBN于干燥洁净的小烧杯中，加入MMA为7g，St为8.2g，溶解待用。

（3）在装有搅拌器和回流冷凝管的250mL三口烧瓶中，加入40g浆状碳酸镁，70mL去离子水，搅拌，水浴加热升温至95℃，使浆状碳酸镁均匀分散活化，约30min。冷却水浴至70℃，加入溶有AIBN的混合单体，调节搅拌速度使单体均匀分散成大小适度的液珠，缓慢升高水浴温度至80~85℃，恒温2h反应。此间一定要很好的控制稳定的搅拌速度，使珠子稳定、均匀，防止黏结变形。随后升温至90℃，反应1h后结束。

（4）取出三口烧瓶，将反应物全部倒入一个500mL烧杯中，静置片刻，待珠子完全下沉后，倒掉上层液体，滴入适量稀硫酸至pH为2左右，可搅拌，期间有气体产生，再静置。以同样的方法用去离子水洗涤数次至水完全澄清，过滤，取出珠子，在60~65℃温度下烘干，称重，过筛。计算产率及粒径分布。

实验过程需要注意：

（1）搅拌速度必须适当、均匀，使单体能形成良好的珠状液滴；

（2）温度计不能放入反应液中，否则容易影响搅拌，造成黏结；

（3）如果聚合过程中发生停电或聚合物黏在搅拌棒上等异常现象，应及时降温终止反应并倾出反应物，以免造成仪器报废。

5.3.4.2 红外光谱测定共聚物组成

将合成的共聚物称取0.05g，溶于3mL丁酮中，将聚合物溶液倾倒在制好的底部水平的铝箔皿中，于通风水平处晾干，再水平放于80℃烘箱内干燥30min，小心将聚合物薄膜取下，待测。

5.3.5 数据处理

（1）计算产率及粒径分布。

（2）分析红外谱图，通过峰面积比值和标准曲线计算实际共聚物组成，再与竞聚率和单体投药比计算的共聚物组成进行对比。

5.3.6 思考题

（1）悬浮聚合的原理以及各组分的作用是什么？
（2）如何控制聚合物粒度？试分析分散剂的作用是什么？
（3）谈谈悬浮聚合法的优缺点。
（4）试设计测定 MMA 和 St 竞聚率的方法。

5.4　甲基丙烯酸甲酯的本体聚合实验

5.4.1　实验目的

（1）了解本体聚合的特点。
（2）掌握本体聚合的实施方法。

5.4.2　实验原理

进行自由基本体聚合时不采用其他介质，单体在引发剂或光、热等作用下直接进行聚合，又称块状聚合。本体聚合的优点是产物纯度高、工序及后处理简单，但随着聚合的进行，转化率提高，体系黏度增加，长链游离基末端被包埋，扩散困难使游离基双基终止速率大大降低，同时聚合热难以散发，致使聚合速率急剧增加而出现所谓自动加速现象或凝胶效应，轻则造成体系局部过热，使聚合物分子量分布变宽，影响产品的机械强度，重则导致体系温度失控，发生"爆聚"现象。可采用两阶段聚合的方法克服这一缺点：第一阶段保持较低转化率，这一阶段体系黏度较低，容易散热，可在较大的反应器中进行；第二阶段达到高转化率，此阶段体系黏度较大，可在特殊设计的反应器内聚合或进行薄层聚合。

本实验以甲基丙烯酯甲酯进行本体聚合，制备有机玻璃。工业上制备有机玻璃主要采用本体、悬浮聚合法，其次是溶液和乳液法。聚甲基丙烯酸甲酯由于有庞大的侧基存在，为无定形固体，具有高度透明性，密度小，有一定的耐冲击强度与良好的低温性能，是航空工业与光学仪器制造工业的重要原料。有机玻璃的板、棒、管材制品通常都是用本体浇铸聚合的方法来制备。如果选用其他方法制备（如悬浮、溶液聚合等），由于杂质的引入，产品的透明度都远不及本体聚合方法。为了防止聚合反应中期由于凝胶效应引起的反应热不易排除而引起的反应不均匀、单体气化或爆聚现象，必须采用分段控温聚合，将预聚反应至约10%转化率的甲基丙烯酸甲酯黏稠浆液浇模，在低温下缓慢聚合使转化率达到93%～95%左右，最后在100℃下聚合至完全反应，脱模制得有机玻璃产品。其反应方程如图5-2所示。

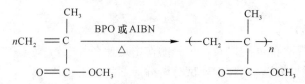

图 5-2　PMMA 自由基聚合反应方程式

5.4.3　实验仪器和药品

（1）仪器：具塞锥形瓶（50mL）、分析天平、恒温水浴、试管、试管夹。

（2）试剂：甲基丙烯酸甲酯、过氧化苯甲酰（BPO）或偶氮二异丁腈（AIBN）、邻苯二甲酸二丁酯（单体体积量的 1/10）。

5.4.4　实验内容与步骤

实验流程参见图 5-3。

水浴加热　　　冷却　　　灌模　　　聚合　　　脱模
预聚合

图 5-3　实验流程图

（1）预聚合反应。在 50mL 的有塞锥形瓶中先加入 20mL 甲基丙烯酸甲酯，再加入单体重量 0.1%～0.3% 的 BPO，使其溶解在单体中，水浴加热（并磁力搅拌），当温度达到 90℃时保温 25～40min，观察黏度，当物料呈蜜糖或甘油状时，用冷水浴骤然降至室温。

（2）灌模。将锥形瓶中预聚物缓慢灌入已备好的模具中（如试管），用脱脂棉封好灌料口。

（3）低温聚合反应。将上述模具放入烘箱中（或水浴中），升温至 40～50℃，保温 24h（此时用铁针刺探有机玻璃，应有弹性出现）低温聚合结束。

（4）高温聚合反应。在烘箱中继续升温到 100℃，保温 2～3h 使单体反应完全，停止加热，任其自然冷却到室温。

（5）脱模。取出 PMMA 玻璃棒即得光滑无色透明的有机玻璃棒。

5.4.5　实验注意事项

（1）聚合反应时要防止杂质混入反应体系，影响聚合反应。

（2）灌模时预聚物中如有气泡应设法排出。

（3）高温聚合反应结束后，应自然降温至40℃以下，再取出模具进行脱模，以避免骤然降温造成模板和聚合物的破裂。

5.4.6　思考题

（1）在合成有机玻璃板时，采用预聚制浆的目的何在？

（2）如果最后产物出现气泡，试分析其原因？

5.5　低分子量聚丙烯酸（钠盐）的聚合实验

5.5.1　实验目的

（1）掌握聚丙烯酸钠的自由基水溶液合成方法。

（2）分析聚丙烯酸钠分子量影响因素和控制原理。

（3）掌握端基分析法测定聚丙烯酸分子量的方法。

5.5.2　实验原理

高相对分子质量的聚丙烯酸（相对分子质量在几万或几十万以上）多用于皮革工业、造纸工业等方面。低相对分子质量的聚丙烯酸（相对分子质量都在一万以下）作为阻垢用，是水质稳定剂的主要原料之一。聚丙烯酸相对分子质量的大小对阻垢效果有极大影响，从各项试验表明，低相对分子质量的聚丙烯酸阻垢作用显著，而高相对分子质量的聚丙烯酸丧失阻垢作用。丙烯酸单体极易聚合，可以通过本体、溶液、乳液和悬浮等聚合方法得到聚丙烯酸。它符合一般的自由基聚合反应规律，实验可通过控制引发剂用量和应用调聚剂异丙醇来调节聚丙烯酸分子量大小，并用端基滴定法测定分子量。其反应式为：

$$nCH_2=CH \xrightarrow{\text{引发剂}} \left[CH_2-CH\right]_n \xrightarrow{NaOH} \left[CH_2-CH\right]_n$$
$$\quad\quad | \quad\quad\quad\quad\quad\quad | \quad\quad\quad\quad\quad\quad\quad | \quad\quad$$
$$\quad COOH \quad\quad\quad\quad COOH \quad\quad\quad\quad\quad COONa$$

5.5.3　实验仪器和试剂

（1）仪器：四口烧瓶、冷凝管、电动搅拌器、恒温水浴、温度计、滴液漏斗、pH计。

（2）试剂：丙烯酸、过硫酸铵、氯化钠、异丙醇、氢氧化钠、去离子水（或蒸馏水）。

5.5.4　实验内容与步骤

5.5.4.1　低相对分子量聚丙烯酸（钠）的合成

（1）在装有搅拌器、回流冷凝管、滴液漏斗、温度计的250mL四口烧瓶中（参见图5-1），加入130mL蒸馏水和1g过硫酸铵。待过硫酸铵溶解后，加入5g丙烯酸单体和10g异丙醇。开动搅拌器，加热使瓶内温度达到65～70℃。

（2）将45g丙烯酸单体和3g过硫酸铵在20mL水中溶解，用滴液漏斗渐渐滴入瓶内，由于聚合过程中放热，瓶内温度有所升高，反应液会产生回流现象。滴完丙烯酸和过硫酸铵溶液约0.5h。

（3）升温至94℃继续回流1h，降温，反应完成。

（4）如要制备聚丙烯酸的钠盐，可在聚丙烯酸水溶液中加入30%的NaOH溶液，边搅拌边进行中和，使溶液的pH值达到11～12，即得到聚丙烯酸钠。

5.5.4.2　端基分析法测定聚丙烯酸的分子量

准确称量约0.1g样品，放入100mL烧杯中，加入1mol/L的NaCl溶液25mL，用0.1mol/L的NaOH标准溶液滴定，测定其pH值，用消耗的氢氧化钠标准溶液毫升数对pH值作图，找出终点所消耗的碱量。计算公式如下：

$$\overline{M}_n = \frac{2}{\dfrac{1}{72} \times \dfrac{VM}{m \times 1000}}$$

式中　$\overline{M}_n$——聚丙烯酸的分子量；

$\quad\quad V$——试样滴定所消耗的NaOH标准溶液毫升数，mL；

$\quad\quad M$——NaOH标准溶液的摩尔浓度；

$\quad\quad m$——试样质量，g；

$\quad\quad 1/72$——每1g样品所含有的羧基摩尔理论值；

$\quad\quad 2$——聚丙烯酸1个分子链两端各有一个酯基。

5.5.5　注意事项

聚丙烯酸样品需经薄膜蒸发器干燥处理或在石油醚中沉淀，沉淀物晾干后在50℃烘箱中烘干，然后再于50℃真空烘箱中烘干。

5.5.6　思考题

（1）连锁聚合合成高聚物的方法有几种，本实验采用的聚合方法是什么？

（2）本实验中需注意的操作有哪些？

5.6　苯乙烯的分散聚合实验

5.6.1　实验目的

（1）了解分散聚合的原理和特点。

（2）学习典型的分散聚合的实施过程。

（3）掌握制备粒径单分散聚合物微粒的方法。

5.6.2　实验原理

分散聚合是烯类单体除悬浮聚合和乳液聚合之外的又一种非均相自由基聚合。分散聚合可看成是介于悬浮聚合和乳液聚合之间的聚合。其特点如下：

（1）可以水或非水溶剂为介质。在以水为介质时，单体必须是不溶于水或基本不溶于水的。

（2）单体在水中的分散是靠剧烈搅拌实现的，加于体系中的保护胶体起着防止分散相凝聚的作用。

（3）常用的保护胶为聚乙烯醇和甲基丙烯酸盐的共聚物。

（4）适量的乳化剂起着提高产物稳定性的作用。

分散聚合与悬浮聚合的不同之处如下：在分散聚合中保护胶体的用量较大，因此，单体液滴分散得很细，所得的聚合物粒径为 $0.5 \sim 10\,\mu m$，比悬浮聚合所得的聚合物颗粒小得多，但比乳液聚合制得的乳胶颗粒大。由于保护胶体的用量较大，所形成的分散体系相当稳定，外观类似于高分子乳胶。以水为介质的分散聚合需用水溶性引发剂。

从形式上看，分散聚合与乳液聚合有很多相似之处。但也有明显的区别。例如，分散聚合不用典型的乳化剂而是用保护胶体来稳定聚合体系的，聚合所得的颗粒比乳液聚合的大。

体系的稳定性来源于聚合物粒子表面的两亲高分子分散剂，其作用本质是立体稳定作用。分散剂通常含有溶于反应介质的链段（稳定链段）和能与聚合物溶混的链段（锚定链段），稳定链段伸展于反应介质中，锚定链段吸附于乳胶粒表面或缠结于粒子内部。这种结构可以事先制备好，也可以通过单体与分散剂发生接枝共聚来形成。

初级乳胶粒是通过均相成核形成的，随后单体被吸入其中，聚合反应主要在乳胶粒中进行，动力学行为与本体聚合相似。与常规乳液聚合相比，分散聚合的聚合速率与乳胶粒尺寸、数目的依赖关系不再存在，聚合速率与乳胶粒总体积成正比，聚合的动力学行为与单体在乳胶粒相和分散介质相的分布系数有关系。分散聚合合成颗粒的粒径一般是微米级的（大于 $1\mu m$，小于 $10\mu m$），而乳液聚合合成的是亚微米级的颗粒（约 $100nm$ 左右，最小可达 $50nm$），而沉淀聚合合成的颗粒的粒径比分散聚合合成的更大。分散聚合的乳胶粒粒径和分布受溶剂的溶度参数、分散剂种类和用量、引发剂的种类和用量以及助分散剂的使用相关，在适当条件下可获得尺寸在几个微米、粒径分布很窄的聚合物粒子。分散聚合的典型配方是：$40\% \sim 60\%$ 的溶剂，$30\% \sim 50\%$ 的单体，$3\% \sim 10\%$ 的分散剂，单体 1% 左右的引发剂以及助分散剂等添加剂。

本实验以乙醇为分散介质（溶剂），偶氮二异丁腈为引发剂，聚乙烯吡咯烷酮为分散稳定剂，进行苯乙烯的分散聚合，从而制备出微米级粒径窄分散的聚苯乙烯微粒。

5.6.3   实验仪器和试剂

（1）仪器：机械搅拌器、回流冷凝管、温度计、三口烧瓶、光学显微镜。

（2）试剂：苯乙烯（分析纯，使用前需精制）、偶氮二异丁腈（AIBN，分析纯）、聚乙烯吡咯烷酮（PVP K-30）、乙醇（分析纯）、蒸馏水。

5.6.4   实验内容与步骤

取 $52mL$ 乙醇加入到 $100mL$ 三口烧瓶，反应瓶上装配回流冷凝管、机械搅拌和温度计，加入 $1.00g$ 分散剂 PVP（K-30），搅拌使其溶解，升温至 $70℃$。取 $0.30g$ 偶氮二异腈溶解于 $8mL$ 苯乙烯中，加入到反应体系中。反应开始时单体与反应介质互溶形成均相体系，$10min$ 左右体系开始变浑，表明已经有乳胶粒形成。反应体系继续聚合 $4 \sim 5h$，得到白色稳定乳胶。

取 $10mL$ 胶乳用离心机分离，倾去上层清液，加入 $10mL$ 乙醇，超声混合 $5min$，再进行离心分离。如此操作 $3 \sim 4$ 次，以除去分散剂。最后用乙醇重新分散，并稀释至适当浓度，将少许乳胶滴于小的洁净玻璃片上，自然干燥后，用 640 倍光学显微镜观察样品制备情况并照相。

5.6.5   数据处理

根据实验产物照片统计计算微粒平均粒径及粒径分布。

5.6.6   思考题

（1）查阅文献，给出分散聚合的特点，分析分散介质、引发剂和分散剂对乳胶粒子粒径及其分布的影响。

（2）如何用扫描电镜准确测定聚合物粒子的大小？

（3）与其他方法相比，分散聚合制备的聚合物分子量大小如何，为什么？

5.7 苯乙烯的阴离子聚合实验

5.7.1 实验目的

了解阴离子聚合的原理和特点，学习典型的阴离子聚合的实施过程。

5.7.2 实验原理

阴离子聚合是最早被发现的活性聚合，其特点是无终止聚合。在反应条件控制得当的情况下，阴离子聚合体系可以长时间保持链增长活性。活性聚合技术是目前合成单分散特定分子量的聚合物的常用方法。阴离子活性聚合物的分子量可通过单体浓度和引发剂的浓度来控制：

$$X_n^- = n \frac{[M]}{[C]}$$

式中，双阴离子引发 $n=2$；单离子引发 $n=1$，其分子量分布指数接近 1。

5.7.3 实验仪器与试剂

（1）仪器：电动搅拌器、氮气钢瓶、油泵、螺旋夹、橡皮塞、电热套、100mL 三口烧瓶、回流冷凝管、250mL 分液漏斗、100mL 烧杯、量筒（10mL 和 50mL）、注射器及针头、无水无氧操作系统、玻璃棒、反应管、抽滤瓶、布氏漏斗、注射器、培养皿、试管。

（2）试剂：苯乙烯、正丁基锂、环己烷、氯仿、无水氯化钙、四氢呋喃、甲醇。

5.7.4 实验内容与步骤

（1）试剂的预处理。取苯乙烯 60mL 于 250mL 分液漏斗，用 5% NaOH 洗至水层变为无色，再用水洗至 pH 值约为 7，得到淡黄色液体。向所得液体中加入无水氯化钙，于 100mL 锥形瓶中保存。取 3g 过氧化苯甲酰（BPO）固体于 100mL 烧杯，加入 12mL 氯仿，抽滤。用冷却的甲醇处理得到的固体，取析出的白色针状沉淀，转入 100mL 锥形瓶中真空干燥备用。

（2）苯乙烯单体的阴离子聚合。取干燥试管一支，配上单孔橡皮塞和短玻璃管及一段橡皮管，接上无水无氧干燥系统，以油泵抽真空，通氮气，反复三次。持续通入氮气作为保护气，由注射器从橡皮管依次且连续注入 4mL 无水环己烷、1.5mL 干燥苯乙烯和0.8mL 正丁基锂溶液。放置 10min 后，以注射器从橡皮管注射加入甲醇，观察现象。

（3）测定聚合产物的分子量和分子量分布。参照凝胶色谱法测定聚合物分子量（略）。

5.7.5　数据处理

记录数均、重均分子量以及分子量分布系数。

5.7.6　思考题

（1）活性聚合有什么特点？
（2）活性聚合如何终止？

5.8　甲基丙烯酸甲酯的原子转移自由基聚合实验

5.8.1　实验目的

（1）了解活性自由基聚合的原理和特点。
（2）学习典型的活性自由基聚合的实施过程。

5.8.2　实验原理

活性自由基聚合是近年来高分子合成化学中的重要进展之一。它是在一般的自由基聚合基础上，引入一个快速的自由基可逆平衡，从而控制反应中自由基的浓度，达到整个反应的可控性，最终在较简便的条件下得到分子量可控、分子量分布窄和结构规整的聚合物。其中原子转移自由基聚合（ATRP）因反应速度相对较快、反应条件简便等优点而得到了快速的发展，可用来合成结构明确的嵌段共聚物。

活性自由基聚合产物数均分子量（M_n）与转化率呈线性关系，分子量随转化率的增加而线性增加，而且分子量分布（M_w/M_n）比传统自由基聚合的窄。

本实验利用 α-溴代丙酸乙酯（EP-Br）作为小分子引发剂，以氯化亚铜（CuCl）和联吡啶（bPy）组成的混合体系为催化剂，引发甲基丙烯酸甲酯单体聚合。

5.8.3　实验仪器与试剂

（1）仪器：油泵、螺旋夹、橡皮塞、电热套、100mL 三口烧瓶、回流冷凝管、250mL 分液漏斗、100mL 烧杯、量筒（10mL 和 50mL）、注射器及针头、无水无氧操作系统、玻璃棒、反应管、抽滤瓶、布氏漏斗、注射器、培养皿、试管。

（2）试剂：甲基丙烯酸甲酯、α-溴代丙酸乙酯（EP-Br）、氯化亚铜、联吡啶、甲苯、氯仿、无水氯化钙、四氢呋喃、氮气、甲醇。

5.8.4 实验内容与步骤

（1）试剂的预处理。取甲基丙烯酸甲酯 60mL 于 250mL 分液漏斗，用 5% 的 NaOH 洗至水层变为无色，再用水洗至 pH 值约为 7，得到无色液体。向所得液体中加入无水氯化钙，于 100mL 锥形瓶中保存。取 3g 氯化亚铜固体于 100mL 烧杯，加入 10mL 稀盐酸，过滤，滤液用 500mL 去离子水稀释，抽滤，得到白色沉淀，转入称量瓶中真空干燥备用。

（2）甲基丙烯酸甲酯单体的原子转移自由基聚合。取干燥试管一支，配上单孔橡皮塞和短玻璃管及一段橡皮管，接上无水无氧干燥系统，以油泵抽真空，通氮气，反复三次。持续通入氮气作为保护气，由注射器从橡皮管依次且连续注入 4mL 甲苯、1.5mL 干燥甲基丙烯酸甲酯和 0.8mL α-溴代丙酸乙酯（EP-Br），摩尔比 1:3 的氯化亚铜和联吡啶。加热到 120°C 反应 5h。

（3）测定聚合产物的分子量和分子量分布。参照凝胶色谱法测定聚合物分子量（略）。

5.8.5 数据处理

记录数均、重均分子量以及分子量分布系数。

5.8.6 思考题

（1）活性自由基聚合有什么特点？

（2）原子转移活性自由基聚合如何的原理是什么，此聚合反应过程的特征有哪些？

5.9 乙酸乙烯酯的溶液聚合实验

5.9.1 实验目的

（1）通过实验掌握乙酸乙烯酯溶液聚合的方法。

（2）掌握溶液聚合原理。

5.9.2 实验原理

本实验所进行的聚合反应是自由基聚合，采用的聚合实施方法是溶液聚合。

聚乙烯醇是生产胶水、维纶等制品的常见原材料。因为乙烯醇与乙醛是同分异构体，不能稳定存在，所以聚乙烯醇不能通过乙烯醇聚合得到。通常采用乙酸乙烯酯作为单体，进行溶液聚合，随后将聚乙酸乙烯酯进行醇解来制备聚乙烯醇。

本实验是以偶氮二异丁腈为引发剂，甲醇作为溶剂进行乙酸乙烯酯的溶液聚合。选用甲醇作溶剂是因为甲醇可以溶解单体和聚合产物——聚乙酸乙烯酯，而且聚合反应过程中活性链对甲醇的链转移常数较小。

$$n\text{CH}_2{=}\text{CH} \xrightarrow{\text{AIBN}} {\left[\text{CH}_2{-}\text{CH}\right]}_n$$
$$\underset{\text{OCOCH}_3}{|} \qquad\qquad \underset{\text{OCOCH}_3}{|}$$

乙酸乙烯酯在聚合过程中，活性自由基容易发生向聚合物链的链转移反应。聚合物浓度越大，链转移反应造成的支化越高。聚合产物的聚合度受到反应时间、反应温度等因素的影响。

5.9.3 实验仪器和试剂

（1）实验仪器：电动搅拌器、恒温水浴锅、水泵减压装置、三口烧瓶、直形冷凝管、球形冷凝管、恒压滴液漏斗、烧杯（50mL）、量筒（50mL 和 100mL）、温度计（100℃）、表面皿。

（2）实验试剂：乙酸乙烯酯（重蒸）、甲醇、偶氮二异丁腈（AIBN）。

5.9.4 实验内容与步骤

（1）称量三口烧瓶。

（2）组装好实验仪器。

（3）将 20g 乙酸乙烯酯（换算成体积；密度 0.93）加入到三口烧瓶中，将 0.1g 偶氮二异丁腈（AIBN）放入一个烧杯中，加入 20g 甲醇，充分溶解后加入到三口烧瓶中。

（4）打开水浴加热使温度升到 60℃ 时，开始记录反应时间。

（5）持续反应 3h，控制水浴温度在 61～63℃，温度偏差不应超过 2℃，注意观察反应物溶液的黏度。

（6）反应 3h 后停止加热，冷却至室温。将实验装置改装成减压蒸馏装置。将产物中的溶剂以及未聚合的单体蒸出（馏液回收）。留在烧瓶中的产物是无色的玻璃状聚合物，取下烧瓶，连瓶一块称重，并计算产率。

5.9.5　数据处理

将实验记录的数据整理成表，并计算反应转化率（产品收率）。

5.9.6　思考题

（1）影响聚合速度及产物的收率的主要因素是什么，如何控制这些因素？
（2）参加反应的各组分的作用是什么？

5.10　聚氨基甲酸酯泡沫塑料的制备实验

5.10.1　实验目的

（1）了解逐步加聚反应的特点。
（2）初步掌握发泡聚氨酯的制备方法。

5.10.2　实验原理

异氰酸酯基是非常活泼的功能性基团，它极易与含活泼氢物质，如水、醇、胺等进行加成反应。

$$R—N{=}C{=}O+R'—OH \longrightarrow R—NH—COOR'$$

因此，二异氰酸酯（如甲苯二异氰酸酯）和二醇或二醇聚合物进行加聚反应时，可得线性的聚氨基甲酸酯（简称聚氨酯）。反应如下：

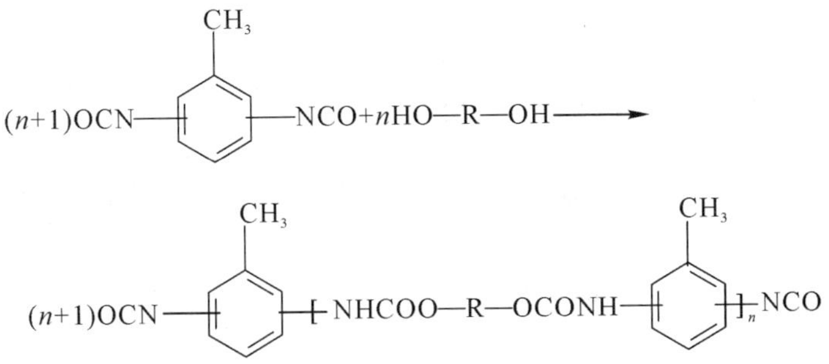

异氰酸酯的种类很多，常见的有 2，4 甲苯二异氰酸酯（2，4-TDI）、2，6-甲苯二异氰酸酯（2，6-TDI）、己二异氰酸酯等。通常使用的异氰酸酯是 2，4-甲苯二异氰酸酯与 2，6-甲苯二异氰酸酯以 80/20 比例的混合物。

$$\underset{\text{2,4-TDI}}{\text{（结构式）}}\qquad\underset{\text{2,6-TDI}}{\text{（结构式）}}\qquad\underset{\text{己二异氰酸酯}}{\text{OCN} \dashv \text{CH}_2 \dashv_6 \text{NCO}}$$

常用的二醇类有乙二醇，及由环氧乙烷、环氧丙烷开环聚合而得到的聚环氧乙烷乙二醇、聚环氧丙烷乙二醇、乙二醇和乙二酸形成的聚酯等。反应催化剂为三级胺或有机锡的化合物。聚氨基甲酸酯的最大用途是制造聚氨基甲酸酯泡沫塑料。以水为发泡剂，使水与过剩的二异氰酸酯反应生成二氧化碳。反应如下：

$$R-N=C=O+H_2O \longrightarrow [R-NHCOOH] \longrightarrow R-NH_2+CO_2\uparrow$$

聚氨酯泡沫塑料有软质和硬质之分，取决于二醇的种类。具有较高分子量及相应低羟基值（40~60）的线型聚酯和聚醚是适宜的二醇组分。软质泡沫塑料最主要用途为家具、床垫、运动用品及海绵等，硬质泡沫塑料可用作建筑或冰箱的绝缘材料。

5.10.3　实验仪器及试剂

（1）仪器：烧杯、玻璃棒、大纸袋、干燥箱。

（2）试剂：聚酯100g（羟值60）、去离子水（1g）、N，N-二甲基苄胺1g、50%十二烷基硫酸钠水溶液1g、聚二甲基硅氧烷0.25g、甲苯二异氰酸酯（2，4-TDI/2，6-TDI=80/20）35g。

5.10.4　实验内容与步骤

（1）将100g羟基值为60的聚酯放入600mL厚壁烧杯中，加入35g甲苯二异氰酸酯（2，4-TDI/2，6-TDI=80/20）的混合物，混合1min。

（2）在剧烈搅拌下加入下列试剂的混合物：N，N-二甲基苄胺（1g），非离子型乳化剂的50%水溶液（2g），十二烷基硫酸钠50%水溶液1g，并迅速剧烈搅拌20~30s。

（3）聚合物开始发泡，故需立即将聚合物移入大纸袋，1min后泡沫基本膨胀完毕。

（4）室温下放置约30min，再放入70℃的干燥箱中加热半小时后，即得软质聚氨酯泡沫塑料。

5.10.5　思考题

（1）二异氰酸酯在取用时要注意什么，为什么？

（2）如何增加聚氨酯的分子量？

5.11 聚己二酸乙二酯的制备及其分子量测定实验

5.11.1 实验目的

（1）通过改变己二酸乙二醇酯制备的反应条件，了解其对反应程度的影响因素。

（2）观察和分析副产物的析出情况，进一步了解聚酯类型的缩聚反应特点。

5.11.2 实验原理

具有双官能团或多官能团的单体通过缩聚反应，彼此连在一起，同时消除小分子副产物，生成长链高分子的反应称为缩聚。缩聚反应分为线形缩聚反应和体型缩聚反应。利用缩聚反应能制备很多品种的高分子材料。

线型缩聚的特点是单体的双官能团间相互反应，同时析出副产物，在反应初期，由于参加反应的官能团数目较多，反应速度较快，单体间相互形成二聚体、三聚体、四聚体，最终生成高聚物：

$$aAa+bBb \longrightarrow aABb+ab$$

$$aABb+aAa \longrightarrow aABAa+ab$$

或
$$aABb+bBb \longrightarrow bBABb+ab$$

整个线型缩聚是可逆平衡反应，缩聚物的相对分子质量必然受到平衡常数的影响。利用官能团等活性的假设，可近似地用同一平衡常数来表示其反应平衡特征。聚酯反应的平衡常数一般较小，K 值大约在 $4 \sim 10$ 之间。当反应条件改变时，如副产物 ab 从体系中除去，平衡即被破坏。除了单体结构和端基活性的影响外，影响聚酯反应的主要因素包括：配料比、反应温度、催化剂、反应程度、反应时间、小分子产物的清除程度等。

配料比对反应程度和聚酯的相对分子质量大小的影响很大，体系中任何一种单体过量，都会降低反应程度，采用催化剂可大大加快反应速度，提高反应温度一般也能加快反应速度，提高反应程度，同时促使反应生成的低分子产物尽快离开反应体系，但反应温度的选择与单体的沸点、热稳定性有关。反应中低分子副产物将使反应逆向进行，阻碍高分子产物的生成，因此去除小分子副产物越彻底，反应进行的程度越大。为了去除小分子副产物水，本实验可采取提高反应温度，降低系统压力，提高搅拌速度和通入惰性气体等方法。此外，在反应没有达到平衡，链两端未被封锁的情况下，反应时间的增加也可提高反应程度和相对分子质量。

在配料比严格控制在 $1:1$ 时，产物的平均聚合度 $\bar{X}_n$ 与反应程度 P 具有如下关系：

$$\bar{X}_n = \frac{1}{1-P}$$

假定 $\bar{X}_n = 100$，则 $P = 99\%$，因此，要获得高分子质量的产品，必须提高反应程度，反应程度可通过析出的副产物的量计算：

$$P = \frac{n}{n_0}$$

其中，n 为收集到的副产物的量；n_0 为反应理论产生的副产物的量。

本实验由于实验设备、反应条件和时间的限制，不能获得较高分子量产物，只能通过反应条件的改变，了解缩聚反应的特点以及影响反应的各种因素。

$$n\mathrm{HO(CH_2)_2OH} + n\mathrm{HOOC(CH_2)_4COOH} \longrightarrow$$
$$\mathrm{H[O(CH_2)_2OOC(CH_2)_4CO]_nOH} + (2n-1)\mathrm{H_2O}$$

聚酯反应体系中，有羧基官能团存在，因此通过测定反应过程中的酸值的变化，可了解反应进行的程度（平衡是否到达）。

$$p = \frac{t\text{ 时刻出水量}}{\text{理论出水量}} \quad \text{或} \quad p = \frac{\text{初始酸值}-t\text{ 时刻酸值}}{\text{初始酸值}}$$

在本实验中，外加酸对甲苯磺酸催化，$\bar{X}_n$ 与反应时间 t 具有如下关系：

$$\bar{X}_n = \frac{1}{1-p} = kc_0 t + 1$$

式中，t 为反应时间，min；c_0 为反应开始时每克混合物原料中羧基或羟基的浓度，mmol/g；k 为该反应条件下的反应速度常数，g/(mmol·min)。

根据该式，当反应程度达到80%以上时，即可以用 X_n 对 t 作图求出 k。

聚己二酸乙二酯有确定的结构，其分子量可以用端基分析法测定。测定方法见本试验附录（5.11.7.1 小节）内容。

5.11.3　实验仪器与试剂

（1）仪器：实验仪器装置如图5-4所示，真空水泵、硅油浴、250mL 直口三口烧瓶、$0\sim300^\circ\mathrm{C}$ 温度计、搅拌器、分水器、球形冷凝管、100mL 和 200mL 量筒、培养皿、250mL 锥形瓶、毛细管、烧杯。

（2）试剂：己二酸、乙二醇、对甲苯磺酸、十氢萘、酚酞、0.1mol/L KOH/乙醇标准溶液、乙醇-甲苯（1:1）混合溶剂、丙酮。

5.11.4　实验内容与步骤

（1）实验装置如图5-4所示。

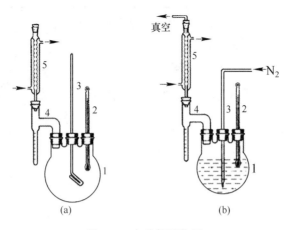

图 5-4　实验仪器装置

（a）聚己二酸乙二酯制备装置；（b）聚酯减压装置

1—三口烧瓶；2—温度计；3—搅拌器（毛细管）；4—分水器；5—球形冷凝管

（2）向三口烧瓶中先后加入 36.5g 己二酸、15.5g 乙二醇、60mg 对甲苯磺酸及 15mL 十氢萘，分水器中也加入 15mL 十氢萘，充分搅拌后，取 0.5g 样品（第 1 个样品）测定酸值（酸值的测定见附录）。

（3）用硅油浴开始加热，当物料熔融后在 15min 内升温至（160±2）℃反应 60min。在此段共取 5 个样测定酸值：在物料全部熔融时取第 2 个样，达到 160℃ 时取第 3 个样，在此温度下反应 15min 后取第 4 个样，至 30min 时取第 5 个样，至 45min 时取第 6 个样。取 6 个样后再反应 15min。

（4）然后于 15min 内将体系温度升至（200±2）℃，此时取第 7 个样，并在此温度下反应 30min 后取第 8 个样，继续再反应 30min。

（5）将反应装置改为减压系统（如图 5-4 所示），继续保持（200±2）℃，真空度 100mmHg 反应 15min 后取第 9 个样，再反应 15min，至此反应结束。

（6）在反应过程中从开始出水时，每析出 1mL 水，测定一次出水时间（前 5mL），出水变慢后，每 15min 记录一次出水量，直至反应结束，应不少于 10 个水样。

（7）反应停止后，趁热将产物倒入回收盒中，冷却后为蜡状物。用 20mL 丙酮洗瓶，洗瓶液倒入回收瓶中，产物称重。

5.11.5　数据处理

（1）记录酸值（按下表格式），计算反应程度和平均聚合度，绘出 p-t 和 X_n-t 曲线图。

反应时间/min	样品质量/g	消耗 KOH 溶液的体积/mL	样品酸值（KOH）/mg·g^{-1}	反应程度	平均聚合度

（2）将出水量记录在下表，计算反应程度和平均聚合度，绘出 p-t 和 X_n-t 曲线图。

反应时间/min	出水量/mL	反应程度	平均聚合度

5.11.6 思考题

（1）根据聚酯反应的特点，说明采用这种实验步骤和实验装置的原因。

（2）根据 p-t 和 X_n-t 图，计算反应速率常数 k，讨论缩聚反应特点。

（3）与聚酯反应程度和分子量大小有关的因素是什么？在反应后期黏度增大后影响聚合的不利因素有哪些，如何克服不利因素使反应顺利进行？

（4）实验中保证等物质的量的投料配比有何意义？

5.11.7 附录

5.11.7.1 酸值的测定

酸值是指1g聚合物样品的溶液滴定时所消耗的 KOH 或 NaOH 的 mg 数。用长滴管吸取0.5g左右的树脂滴入250mL 的锥形瓶中，准确称量质量。然后加入15mL 乙醇-甲苯混合溶剂，摇匀使树脂完全溶解，再加入三滴酚酞指示剂，用 KOH/乙醇标准溶液滴定至淡红色不退为终点，并做空白试验。酸值按下式计算：

$$A = \frac{c(V - V_0) \times 56.11}{m}$$

式中，c 为 KOH/乙醇标准溶液的浓度，mol/L；m 为样品重量，g；V、V_0 为样品滴定、空白滴定所消耗的 KOH/乙醇标准溶液体积，mL。

若用 NaOH 滴定，计算式中的数值56.11改为40。

5.11.7.2 不同压力下乙二醇、己二酸的沸点

不同压力下乙二醇、己二酸的沸点如表5-2所示。

表5-2 不同压力下乙二醇、己二酸的沸点

乙二醇		己二酸	
压力/kPa（mmHg）	沸点/℃	压力/kPa（mmHg）	沸点/℃
101（760）	195.5	101（760）	

乙二醇		己二酸	
压力/kPa（mmHg）	沸点/℃	压力/kPa（mmHg）	沸点/℃
13.4（101）	140.8	13.3（100）	265
11.0（83）	136.7	6.7（50）	244
5.8（44）	122.5	2.0（15）	216
1.7（13）	93.8	1.3（10）	205

5.12　聚乙烯醇缩甲醛的制备实验

5.12.1　实验目的

（1）熟悉聚合物中官能团反应的原理。

（2）利用聚合物化学反应制备聚乙烯醇缩甲醛。

5.12.2　实验原理

聚乙烯醇缩甲醛是利用聚乙烯醇与甲醛在盐酸催化的作用下而制得的，其反应机理如下：

$$CH_2O + H^+ \rightleftharpoons C^+H_2OH$$

$$\sim\sim\sim CH_2CH-CH_2-CHCH_2 \sim\sim\sim + C^+H_2OH \underset{\text{极慢}}{\overset{\text{缓慢}}{\rightleftharpoons}} \sim\sim\sim CH_2CH-CH_2-CHCH_2 \sim\sim\sim + H_2O$$
（下标 OH、OH；OC⁺H₂、OH）

$$\sim\sim\sim CH_2CH-CH_2-CHCH_2 \sim\sim\sim \underset{\text{极慢}}{\overset{\text{迅速}}{\rightleftharpoons}} \sim\sim\sim CH_2CH-CH_2-CHCH_2 \sim\sim\sim + H^+$$
（下标 OC⁺H₂、OH；O—CH₂—O）

聚乙烯醇和甲醛的物质的量配比及反应的 pH 值不同，得到的聚乙烯醇缩甲醛的分子量也不同。分子量小时，形成的高分子化合物易溶于水；分子量大时，得到的高分子物质难溶于水。溶解性过好或难溶于水对制备水溶性涂料均不利。因此，如何控制反应的条件，使其最大限度生成适合分子量的化合物是制备聚乙烯醇缩甲醛胶的关键。

聚乙烯醇缩甲醛分子中的羟基是亲水基，而缩醛基是憎水基。控制一定的缩醛度，可使生成的聚乙烯醇缩甲醛胶水既有一定的水溶性，又有较好的耐水性。为保证胶水质量稳定，缩醛化反应结束后，需用 NaOH 中和胶水至中性。

由于 H_2O_2 可以和甲醛作用生成甲酸和二氧化碳，因此本实验选用 H_2O_2 作为甲醛消除剂，消除未反应甲醛。反应方程式如下：

$$2H_2O_2+CH_2O \Longrightarrow CO_2+3H_2O$$

实验装置见图 5-1 所示的反应装置。

聚乙烯醇是一种水溶性高聚物，具有良好的溶解性和黏度，性能介于塑料和橡胶之间。同时，聚乙烯醇可以看成是一种带有仲羟基的线性高分子聚合物，分子中的仲羟基具有较高的活性，与甲醛缩合生成聚乙烯缩甲醛，即胶水。

聚乙烯缩甲醛比聚乙烯醇溶液具有黏结力更强，黏度大，耐水性强，成本低廉等优点，用途广泛，是我国合成胶黏剂大宗产品之一。

5.12.3 实验仪器及试剂

（1）仪器：250mL 三口烧瓶、回流冷凝管、温度计、恒温水浴、搅拌器、烧杯。

（2）试剂：聚乙烯醇、36% 甲醛溶液、盐酸、10% 氢氧化钠、蒸馏水（或去离子水）、双氧水、pH 试纸。

5.12.4 实验内容与步骤

（1）在回流冷凝管的三口烧瓶中装有搅拌器，在其中加入 15g 聚乙烯醇及150mL 去离子水，在 90~95℃ 加热搅拌下使其完全溶解。

（2）降温至 85~88℃，往三口瓶中加入 1∶4 盐酸，使溶液 pH 值为 1~3，量取 4.3mL 质量分数为 36% 的甲醛溶液，用滴管少量多次加入三口瓶中，搅拌下保温反应。继续搅拌反应 1h。注意反应温度不能超过 90℃，否则在酸度稍低时，容易发生爆聚现象，形成凝胶团而游离出水溶液，导致缩合反应失败。随着反应的进行，溶液逐渐变黏稠，变混浊，当由气泡或絮状物产生时，迅速加入10% 的 NaOH 溶液，调节溶液的 pH 值为 8~9，得无色透明的黏稠液体，即胶水，加入适量双氧水消除未反应甲醛。

5.12.5 思考题

（1）聚乙烯醇的醛化反应为何无法达到 100%？

（2）比较聚乙烯醇热处理前后的耐水性。

5.12.6 附录

缩醛度和酸值的测定过程如下。

将聚乙烯醇甲醛样品经 50℃ 真空烘干箱干燥恒重，准确称取 1g，置于250mL 磨口三角瓶重，记入 50mL 乙醇，接上冷凝管，加热至 60℃ 使样品全部溶解。冷却后，加入 1% 酚酞指示剂，用 0.02mol/L 氢氧化钠-乙醇溶液滴定至微红色。加入 7% 盐酸羟胺水溶液 25mL，摇匀，并加热回流 3h。冷却后加入甲基橙指示剂，用0.5mol/L得氢氧化钾标准溶液滴定至终点，由红变黄。同时做一空白实验。

$$酸值 = \frac{(V_4 - V_3)c_2 \times 56.1}{W} \times 100\%$$

$$缩醛度 = \frac{(V_2 - V_1)c_1 \times 0.088}{W \times 1000} \times 100\%$$

式中　V_1——空白消耗氢氧化钾-乙醇溶液体积，mL；

V_2——样品消耗氢氧化钾-乙醇溶液体积，mL；

V_3——空白消耗氢氧化钾标准溶液体积，mL；

V_4——样品消耗氢氧化钾标准溶液体积，mL；

W——样品重，g；

c_1——氢氧化钾-乙醇溶液的物质的量浓度，mol/L；

c_2——氢氧化钾标准溶液的物质的量浓度，mol/L。

6 聚合物的性能测试

6.1 低聚水溶性壳聚糖的制备及黏均分子量的测定实验

6.1.1 目的要求

（1）掌握低聚水溶性壳聚糖的制备方法。

（2）掌握黏度法测定壳聚糖分子量的基本操作及数据处理。

6.1.2 实验原理

壳聚糖［(1，4)-2-氨基-2-脱氧-β-D-葡聚糖］是甲壳素的脱乙酰化产物，是年产量仅次于纤维素的第二大天然高分子，也是迄今发现的唯一天然碱性多糖。由于形成有序的大分子结构，壳聚糖只能溶于少数稀酸中，不能溶于水和一般有机溶剂，这在很大程度上限制了它的应用。

经降解得到的低分子量壳聚糖，特别是相对分子质量小于 $1×10^4$ 的低聚壳聚糖，不仅溶于水，还具有独特的生理活性和物化性质，因而应用范围大大拓宽。例如低聚壳聚糖具有促进脾脏抗体生成，抑制肿瘤生长的生理功能；可有效降低肝脏和血清中的胆固醇；可强化肝脏功能，防止痛风和胃溃疡；促进双歧杆菌的增殖，抑制大肠杆菌及引起肠内感染的一些其他细胞的生长；可用作制备水凝胶和化妆品等。此外，它还可用于食品添加剂、固定酶和蛋白质的提纯、造纸工业及水处理工业等方面。

通过降解反应制备低聚水溶性壳聚糖的方法大致可分为酶降解法、氧化降解法及酸降解法三大类。其中，氧化降解法因无污染、易于工业化等优点，成为目前研究较多的一种方法。但一般的氧化降解法采用了多种试剂，这给产品的分离、纯化带来困难，而且降解前后活性基团（—NH$_2$）含量发生变化，从而影响下一步的改性研究。我们在乙酸溶液中，采用 H_2O_2—NaClO 对壳聚糖进行氧化降解，制备出完全水溶性壳聚糖，并对产物进行表征。

6.1.3 实验仪器和试剂

（1）仪器：电加热套、三口烧瓶、滴液漏斗、冷凝管、搅拌装置1套、温度计、玻璃棒 1 根、pH 计（或试纸）、250mL 烧杯 1 个、表面皿 1 个、循环水真空泵、布氏漏斗、滤纸。

（2）试剂：壳聚糖（脱乙酰度大于80%～90%，相对分子质量约46×10⁴）、氢氧化钠、过氧化氢、次氯酸钠、乙酸、乙酸钠、无水乙醇，试剂均为化学纯或分析纯。

6.1.4　实验内容与步骤

（1）水溶性壳聚糖的制备。将一定量2g 的壳聚糖溶于70g 1%乙酸水溶液中，搅拌，滤除不溶物，缓慢加入 6%的 $NaClO$ 溶液 6mL，于室温搅拌 1h 后，再继续滴加 5%的 H_2O_2 溶液 6mL，80℃下反应 2h，NaOH 溶液调节 pH 值为 8 左右，加入 350mL 乙醇沉淀，过滤，于80℃真空干燥若干小时，得到溶于水的低分子量壳聚糖。

（2）相对分子质量的测定。选择浓度为 0.1mol/L 的乙酸钠和浓度为 0.2mol/L 的乙酸为混合溶剂，按一点法在 （30±0.5）℃下测降解产物的特性黏数 $[\eta]$。用下式计算相对分子质量：

$$[\eta] = K \times M^\alpha$$

式中，$K=6.589\times10^{-3}$，$\alpha=0.88$。

（3）结构表征。将降解前后的壳聚糖试样研成粉末，用 KBr 压片制样，红外光谱仪测得其红外光谱图。

6.1.5　数据处理

（1）计算壳聚糖的降解率：

降解率＝溶于水的产品量/壳聚糖原料量

（2）计算壳聚糖的黏均分子量。

（3）对降解前后壳聚糖红外谱图进行分析。

6.1.6　思考题

（1）水溶性壳聚糖有哪些基本应用?
（2）为什么说黏度法是测定分子质量的相对方法?

6.2　聚乙烯醇吸水性能研究的实验

6.2.1　实验目的

（1）通过实验掌握聚乙烯醇吸水性能研究方法。
（2）通过实验分析聚乙烯醇 1750 吸水性能的不同影响因素。

6.2.2　实验原理

聚乙烯醇（PVA）通常是由聚醋酸乙烯酯水解制成的一种水溶性聚合物。它无毒性，具有优良的生物相容性，其生产和使用符合环保的要求，是一种绿色化工原材料。聚乙烯醇纤维也称"维尼纶"，最大的特点是吸湿性好，与棉花相近。另外，聚乙烯醇还具有独特的黏接性、耐溶剂性、气体阻绝性、耐磨性以及经特殊处理后具有耐水性，因此除了作纤维原料外，还被大量用于生产涂料、黏合剂、乳化剂、分散剂、薄膜等产品，应用范围遍及纺织、食品、医药、建筑、木材加工、造纸、印刷、农业、钢铁、高分子化工等行业。

高吸水性树脂是当前国内外广泛研究的一类功能高分子材料。世界各国对高吸水性树脂进行了大量的研究工作。高吸水性树脂已在农林园、土木建筑与工程、生理卫生用品、医药等各领域得到了广泛的应用。

因分子中含有大量的亲水羟基，所以聚乙烯醇水溶性较大，是一种强亲水性的聚合物。利用交联剂交联改性可以降低其溶解性，增强吸水能力，使之成为高吸水性材料。因此，改性过程中各种反应条件对改性聚乙烯醇的吸水率影响很大，如何优化反应条件制备吸水性能更好的聚乙烯醇吸水树脂，需要开展进一步的研究工作。

本实验针对聚乙烯醇1750的吸水性能进行研究，运用称重法，分析不同温度、不同pH值以及吸水时间对其吸水性能的影响，探讨聚乙烯醇1750的吸水性能。

6.2.3　实验仪器及试剂

（1）仪器：恒温振荡器、台式真空泵、布氏漏斗、电子天平（0.0001～100g）、容量瓶、烧杯、移液管、量筒、胶头滴管、温度计、秒表、药匙、镊子、玻璃棒、pH试纸、称量纸、滤纸。

（2）试剂：聚乙烯醇1750、氢氧化钠、硫酸。

6.2.4　实验内容及步骤

6.2.4.1　实验方法

称取一定量的1750聚乙烯醇（$m=1.0000\text{g}$），在不同情况下吸水后，通过滤纸过滤，称其质量。吸水率按下式计算：

$$吸水率 = [(M_s - M_d)/M_d] \times 100\%$$

式中，M_s为吸水后的聚乙烯醇的质量；M_d为吸水前聚乙烯醇的质量。

6.2.4.2 实验步骤

步骤1 测定不同pH值时聚乙烯醇1750的吸水率。

（1）取98％的浓硫酸10mL，配制成pH值为0的硫酸溶液，再依次稀释10倍、1000倍、100000倍配制pH值分别为1、3、5的硫酸溶液。取NaOH溶解在去离子水中配成pH值为14的NaOH溶液，再依次由上一份溶液稀释10倍、1000倍、100000倍配制成pH值分别为13、11、9的NaOH溶液。

（2）称取9份质量为1.0000g的聚乙烯醇1750固体，依次用pH值为0、1、3、5、7、9、11、13、14的酸溶液、去离子水、碱溶液作溶剂，放在恒温振荡器中，恒温60℃，振荡10min。

（3）将滤纸湿润并真空抽滤5min，称重。取出恒温振荡完成的一份溶液，真空抽滤，过滤后再保持真空5min，称重。将吸水后过滤的质量减去滤纸质量，便是吸水后的聚乙烯醇1750的质量。运用吸水率公式求出这份聚乙烯醇1750的吸水率。

（4）重复过程（3），测出pH值为0、1、3、5、7、9、11、13、14时聚乙烯醇1750的吸水率。

步骤2 测定不同体系温度时聚乙烯醇1750的吸水率。

（1）称取7份质量为1.0000g的聚乙烯醇1750，用去离子水作溶剂。

（2）先放在恒温振荡器中，振荡10min，分别恒温25℃、40℃、55℃、60℃、65℃、70℃、85℃。

（3）重复步骤1过程（3），分别求出7份不同温度下的聚乙烯醇1750的吸水率。

步骤3 测定在不同吸水时间内聚乙烯醇1750的吸水率。

（1）称取9份质量为1.0000g的聚乙烯醇1750，用去离子水作溶剂。

（2）依次放在恒温振荡器中，恒温60℃吸水时间依次为5min、10min、15min、20min、25min、40min、60min、120min、180min。

（3）重复步骤1过程（3），分别求出9份不同吸水时间的聚乙烯醇1750的吸水率。

6.2.5 数据处理

（1）分析体系pH值对聚乙烯醇1750吸水性能的影响。
（2）分析体系温度对聚乙烯醇1750吸水性能的影响。
（3）分析体系时间对聚乙烯醇1750吸水性能的影响。

6.2.6 思考题

（1）聚乙烯醇有哪些应用？

（2）试分析 pH 值，温度、时间对聚乙烯醇吸水性能的影响机理。

6.3 膨胀计法测定自由基聚合反应速率

6.3.1 实验目的

（1）掌握膨胀计法测定聚合反应速率的原理和方法。

（2）了解动力学实验数据的处理和计算方法。

6.3.2 实验原理

6.3.2.1 自由基聚合反应初期动力学

自由基聚合反应在较低转化率时应该满足动力学方程推导的基本条件，这个阶段的聚合反应速率公式为：

$$R_p = - d[M]/dt = k_p[M][I]^{1/2} \tag{6-1}$$

式（6-1）表示聚合反应速率与单体浓度成正比，与引发剂浓度的平方根成正比。在低转化率时还可以假定引发剂浓度基本保持恒定，则有下式：

$$\ln \frac{[M]_0}{[M]} = K_t[I]^{1/2}t \tag{6-2}$$

$$\ln \frac{1}{1-c} = K_t[I]^{1/2}t \tag{6-3}$$

式中，$[M]_0$ 和 $[M]$ 分别为单体的起始浓度和在时刻 t 的浓度；K_t 为反应速率常数。只要在实验中测定不同时刻 t 的单体浓度 $[M]$，即可按照上式计算出对应的 $\ln \dfrac{[M]_0}{[M]}$ 数值，然后再对 t 作图，如果得到一条直线，则对自由基聚合反应机理及其初期动力学进行了验证，同时由直线的斜率可以得到与速率常数有关的常数 K_t。

6.3.2.2 用膨胀计测定聚合反应过程中体系密度变化

膨胀计是由一根毛细管与贮存器相连的装置，当整个装置充满样品时，容易观察到很小的体积变化。膨胀计法是测定聚合反应速度的一种简单方法，其依据是一般单体的密度较小而聚合物的密度较大，随着聚合反应的进行，聚合反应体系的体积会逐渐收缩，其收缩程度与单体的转化率成正比，因此只要测出聚合过程中体积的变化，就可以换算出单体形成聚合物的转化率，绘出聚合时间对转化率的曲线，取其直线部分进而可求出聚合反应速率。如果将聚合反应体系的体积改变范围刚好限制在一根直径很细的毛细管中，则聚合体系体积收缩值的测定灵敏度将大大提高。

$$C = \frac{\Delta V}{\Delta V_\infty} \times 100\% \tag{6-4}$$

式中，C 为转化率；ΔV 为时间 t 时的体积收缩值，从膨胀计的毛细管刻度读出；ΔV_∞ 为该容积下转化率为 100% 时的体积收缩值。

从开始到 t 时刻已反应的单体量：

$$C[M]_0 = \Delta V/\Delta V_\infty [M]_0 \tag{6-5}$$

t 时刻体系中还未聚合的单体量：

$$[M] = [M]_0 - \Delta V/\Delta V_\infty [M]_0 = (1 - \Delta V/\Delta V_\infty)[M]_0 \tag{6-6}$$

$$\Delta V_\infty = V_M - V_p = V_M - V_M \frac{d_M}{d_p} \tag{6-7}$$

式中，d 为密度，下标 M、p 分别代表单体和聚合物。本实验以过氧化二苯甲酰（BPO）引发甲基丙烯酸甲酯（MMA）在 60℃ 下聚合。MMA 在 60℃ 的密度 $d_M^{60} = 0.8957\mathrm{g/cm}^3$，聚甲基丙烯酸甲酯 PMMA 在 60℃ 的密度 $d_p^{60} = 1.179\mathrm{g/cm}^3$。

通过作图或计算得到 $\ln\dfrac{[M]_0}{[M]}$，并用下式计算出实验阶段的平均聚合速率 R_p（mol/s·L）：

$$R_p = \frac{[M]_0 - [M]}{\Delta t} = \frac{\Delta V[M]_0}{\Delta V_\infty \Delta t} \tag{6-8}$$

6.3.3 仪器及试剂

（1）仪器：膨胀计（图 6-1）、超级恒温水浴（配精密温度计，最小刻度 0.10℃）、50mL 烧杯、25mL 量筒、吸管、玻璃棒。

（2）试剂：过氧化苯甲酰 0.15g、甲基丙烯酸甲酯（精制，大约 16mL）、丙酮（化学纯）。

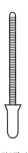

图 6-1　膨胀计示意图

6.3.4　实验步骤

（1）准确量取单体 MMA 16mL，BPO 0.15g 放在 50mL 烧杯中，充分搅拌溶解。

（2）将溶液从倒入膨胀计，使液面处于磨口颈大约一半处，插上磨口毛细管，注意不得留有气泡！此时单体液面的高度上升至毛细管 1/4～1/3 刻度处。如果液面过高或过低都必须重新装样。记下膨胀计的号码和毛细管的内径，并用橡皮筋固定膨胀计与毛细管。

（3）将膨胀计浸入温度为（60±0.5）℃的恒温池中，使盛有单体的部分刚好浸入水面。由于热膨胀使毛细管内液面开始升高，稳定后达到热平衡。记录时间及毛细管高度作为实验起点，观察液面变化，记录诱导期。液面开始下降表示实验开始，每隔5min记录一次液面高度，记录6～7个点，停止反应，反应不宜超过30min。

（4）反应完成以后立即取出膨胀计，将反应液倒入回收瓶，用丙酮清洗，放入烘箱中烘干。

（5）可按照相同操作在（70±0.1）℃重复做一次。根据不同温度条件下测得的速率验证温度对聚合反应速度的影响。

（6）注意事项：

1）膨胀计内的单体不可加得过多，即毛细管内液面不能太高，否则开始升温时单体膨胀将溢出毛细管，也不能加得过少，否则当实验尚未测完数据时毛细管内的液面已经低于刻度，无法读数；

2）装料时必须保证膨胀计内无气泡，为此必须注意两点：第一，单体加入量需略多于实际容积，让瓶塞将多余的单体压出来；第二，在盖瓶塞时需倾斜着将塞子靠在瓶口的下侧慢慢塞入，让气泡从瓶口的上侧被单体压出。此时烧杯置于下面收集滴漏的单体。

6.3.5　数据记录及处理

（1）膨胀计号码及容积（mL），毛细管号码及内径（cm），起始单体体积 $V_M(\text{cm}^3)$。

（2）诱导期：从达到热平衡到反应开始的时间。

（3）实验记录：

反应时间 t/min	0	5	10	15	20	25	30
V_t/mL							
ΔV_t/mL							

续表

反应时间 t/min	0	5	10	15	20	25	30
C							
$\ln \dfrac{1}{1-c}$							

（4）作图 C–t 及 $\ln \dfrac{1}{1-c}$–t 并计算反应速率常数 K_t 和平均聚合速率 R_t。

6.3.6 思考题

（1）影响本实验结果准确度的主要因素有哪些？

（2）能否用同一反应试样在完成 60℃ 温度实验以后，继续升温到 70℃ 再测定一组数据，而不必按照规定重新装料，如果可以，试分析注意事项并比较两组数据的准确性。

6.4 导电聚合物的制备与测试实验

6.4.1 实验目的

（1）掌握化学氧化合成的聚苯胺（PANI）的原理与方法。

（2）学习制备了聚苯胺复合导电薄膜的方法与工艺。

（3）了解导电聚合物的测试方法。

6.4.2 实验原理

聚苯胺具有良好的电性能、电化学性能和光学性能，环境稳定性好，是应用广泛的导电聚合物之一。将聚苯胺纳米导电材料（纳米颗粒、纳米管或纳米棒）与溶解性和可加工性较好的聚合物如聚氯乙烯、聚苯乙烯、聚甲基丙烯酸甲酯、聚醋酸乙烯酯、聚乙烯醇、纤维素衍生物等复合可以得到各种性能优异的聚苯胺导电复合材料。将苯胺单体在不同母体聚合物存在下原位聚合也可以制备聚苯胺导电复合材料。聚苯胺导电复合材料在光、电、力学等方面呈现出常规材料不具备的特性，具有性能优异、成本低廉等优点。

聚苯胺结构分析本态聚苯胺（EB）的氧化度程度为 $Y=0.5$，其结构式为：

本征态的聚苯胺不具有导电性，须通过掺杂形成极化子作为载流子才具有导电性。大量研究表明，质子酸完全掺杂的聚苯胺具有如下化学结构：

其中，$A^- = ClO_4^-$、SO_4^-、Cl^-、$R-SO_3^-$、$H_2PO_4^-$ 等。

悬浮液共混法制备聚苯胺纳米复合材料是将纳米聚苯胺（PAN）悬浮液与母体材料溶液简单共混制得纳米复合材料。例如，将由分散聚合法合成的聚苯胺粒子重新分散至聚氯乙烯（PVC）、聚苯乙烯（PS）、聚甲基丙烯酸甲酯（PMMA）、聚醋酸乙烯酯（PVAc）的四氢呋喃溶液中或聚乙烯醇（PVA）的HCl溶液中，由其浇铸成膜，可得到具有良好导电性能的纳米复合膜，其电导率为 $10^{-6} \sim 10^0 S/cm$。由于复合膜中 PAN 颗粒为纳米级，复合膜的逾渗阈值（f_c）极低，为 $(2.14 \sim 4.19) \times 10^{-4}$，充分体现了纳米化效应。此外，随母体聚合物不同，复合膜中 PAN·HCl 的分散状态也不同。在 PAN·HCl/PVC 纳米复合膜中 PAN·HCl 颗粒以球状结构分散于 PVC 母体中，而在 PAN·HCl/PVA 纳米复合膜中 PAN·HCl 则以纤维状形态存在。

悬浮液共混法制备 PAN 导电复合材料操作简单、方便易行，所得复合材料的电导率可以调节，而且可以根据不同需求选择母体聚合物，可用于制备不同性能的复合材料。

6.4.3　实验仪器与试剂

（1）仪器：磁力搅拌器、温度计、磨口锥形瓶、ALPHA-200 台阶仪、PC68 型数字高阻计。

（2）试剂：苯胺、过硫酸铵、甲醇、对甲基苯磺酸、对氨基苯磺酸、N-甲基吡咯烷酮、环氧树脂 E51、聚酰胺树脂（PA651）、去离子水。

6.4.4　实验内容与步骤

（1）室温下，将一定量的聚苯胺和十二烷基苯磺酸钠，10mL乙醇，一定量的去离子水加入250mL三口烧瓶中，室温搅拌约2h至完全溶解。再将一定量的过硫酸铵溶解适量的去离子水中，慢慢滴加至三口瓶中。反应进行约3h。用循环水真空泵抽滤，得到产物。并用去离子水进行水洗，取出聚苯胺，对其进行表征。

（2）将本征态的聚苯胺溶解在 N-甲基吡咯烷酮中，涂膜，60℃真空干燥72h，用1mol/L的对甲基苯磺酸水溶液掺杂8h，60℃真空干燥24h，得到掺杂态的聚苯胺-对氨基苯磺酸薄膜。

（3）在烧杯中依次加入 4.0g 环氧树脂 E51，适量的本征态聚苯胺、少量的 N-甲基吡咯烷酮，搅拌，再用超声波振荡 15min，加入聚酰胺树脂 1g，搅拌，涂膜，常温固化，得到 PANI/E51 复合薄膜。

（4）膜厚测定。将带玻璃基片的薄膜试样在 TENCOR 仪器公司 ALPHA-200 台阶仪上测薄膜厚度。

（5）表面电导率测定。在 PC68 型数字高阻计上测定薄膜电导率。

6.4.5 实验结果

记录聚苯胺的颜色、导电率、导电膜厚度等数据。

6.4.6 思考题

（1）聚苯胺为什么能导电？
（2）制膜操作中的应该注意哪些问题？

6.5 聚丙烯酰胺对碳酸钙阻垢性能影响的实验

6.5.1 实验目的

（1）通过实验掌握聚丙烯酰胺阻垢性能的影响因素。
（2）通过实验分析聚丙烯酰胺的阻垢机理。

6.5.2 实验原理

我国是水资源严重短缺的国家之一，工业用水就占到用水量的 70% ~ 80%，其中冷却水又占到工业用水量的 80% 以上，将直流式冷却水用循环冷却水代替可节约用水 90%。由于含有大量杂质的冷却水很容易引起结垢、腐蚀，污泥的生成和微生物的繁殖，影响设备的正常运转，所以必须对循环冷却水进行处理。水处理方法大致包括物理法和化学法。常见的处理方法是加入缓蚀剂、阻垢剂等，而药剂中含磷会使水体富营养化形成赤潮等危害或者药剂不易降解，造成严重的环境污染，因而绿色环保的水处理药剂和清洁无污染的水处理工艺成为新的研究和开发的热点。阻垢剂可使水垢物质结晶时发生晶格畸变，使硬垢变为无定性软垢，同时还有络合增溶作用，增大了钙盐在水中的溶解度，减少水垢沉淀物生成增大的机会。

近年来，绿色聚合物作为阻垢剂的研究也是阻垢剂研发的热点方向之一。聚天冬氨酸可应用于高钙离子浓度、高温和 pH 值较高的水系统。聚天冬氨酸在高温水系统中能长时间停留，对碳酸钙有较强的抑制作用。磷酸基羧酸共聚物（POCA）在水温小于 60℃ 时，温度变化对阻垢率的影响不大，且对碳酸钙具有优良的阻垢性能，它主要以凝聚分散、晶格畸变和络合增溶 3 种方式发挥阻垢作用。阻垢剂对钙、镁离子的螯合作用与阻垢剂中的基团种类和所能提供的配齿数有关，阻垢分散剂的作用效果应随聚合度或相对分子质量的增加而增加。马来酸酐-丙烯酸共聚物对碳酸钙和磷酸钙均具有良好的阻垢性能。聚丙烯酰胺具有制备工艺简单、使用后易于降解、原料经济易得等优点。通常它是线型结构的高聚物，其结构式为 $[—CH_2—CH(CONH_2)—]_n$，分为非离子型、阴离子型、阳离子型。当前，聚丙烯酰胺主要应用做絮凝剂，应用于以下两个方面：（1）工业废水处理。主要针对悬浮颗粒较多、粒子带阳电荷、pH 值为中性或碱性的污水进行处理，如钢铁厂废水、电镀厂废水、冶金废水、洗煤废水等。（2）饮用水处理。很多自来水厂的水源来自江河，泥沙及矿物质含量高，比较浑浊，需要投加絮凝剂。聚丙烯酰胺投加量是常用无机絮凝剂的 1/50，但效果是无机絮凝剂的几倍。对有机物污染严重的江河水絮凝处理可采用无机絮凝剂和阳离子聚丙烯酰胺配合使用。

　　阴离子聚丙烯酰胺不但有絮凝功能，而且具有良好的阻垢性能。同时聚丙烯酰胺是易降解的环境友好型的水处理药剂。聚丙烯酰胺作为水处理药剂中不可或缺的重要角色，进一步研究其阻垢作用，使其能普遍应用于工业生产中，对工业水的绿色处理具有重要意义。本次科学研究训练的主要内容是研究聚丙烯酰胺对碳酸钙阻垢性能以及其影响因素。

6.5.3　实验仪器与试剂

　　（1）仪器：水浴锅、锥形瓶、容量瓶、烧杯、搅拌棒。

　　（2）试剂：氨水（NH_3，分析纯）、氯化铵（NH_4Cl，分析纯）、无水氯化钙（$CaCl_2$，分析纯）、碳酸氢钠（$NaHCO_3$，分析纯）、依来铬黑 T（$C_{20}H_{12}N_3 \cdot NaO_7S$）、己二胺四己酸二钠（$C_{10}H_{14}N_2O_8Na_2$，EDTA，分析纯）。

6.5.4　实验内容及步骤

　　首先用静态阻垢法测试阻垢性能：将配制好的含有一定浓度的 Ca^{2+}，HCO_3^{-} 和阻垢剂的溶液，置于 80℃ 的恒温水浴锅中静置加热 10h 后取出，过滤，取滤液，以依来铬黑 T 为指示剂，用 0.01mol/L 的 EDTA 标准溶液滴定 Ca^{2+} 的浓度，其中空白样品不需要加热。然后按照式 $\eta = (V_2 - V_0)/(V_1 - V_0)$ 计算药剂对沉积的抑制能力。式中，V_2 代表加入阻垢剂后消耗的 EDTA 的量；V_1 代表钙离子原液消耗 EDTA 的量；V_0 代表空白对照所消耗 EDTA 的量。

（1）考察不同钙离子浓度对阻垢性能的影响。取出 12 个 250mL 容量瓶，分为 4 组（1、2、3、4），分别标上 1 空白、1 冷、1 阻垢剂；2 空白、2 冷、2 试剂；……依次类推。在标号为"1"的 3 只容量瓶中分别加入 Ca^{2+} 150mg/L（定容后容量瓶中的离子浓度，下同），标号为"2"的 3 只容量瓶中分别加入 Ca^{2+} 250mg/L，标号为"3"的 3 只瓶中加入 Ca^{2+} 350mg/L，标号为"4"的 3 只瓶中加入 Ca^{2+} 450mg/L，然后将 10mg/L 的阻垢剂加到标号为"组号+阻垢剂"容量瓶中，再将 500mg/L HCO_3^- 加入到所有容量瓶中，最后用去离子水定容。

（2）考察阻垢剂用量对阻垢性能的影响。取出 7 个 250mL 容量瓶，贴空白标签，分别标注分组"空白、冷、1、2、3、4、5"，然后将所有容量瓶中加入 250mg/L 的 Ca^{2+} 离子，再分别将 2mg/L、4mg/L、6mg/L、8mg/L、10mg/L 阻垢剂，加到标号为 1、2、3、4、5 的容量瓶中，将配置好的相同浓度的 HCO_3^- 500mg/L，加入到所有容量瓶中，最后用去离子水定容。

（3）考察 HCO_3^- 浓度对阻垢性能的影响。取出 12 个 250mL 容量瓶，分为 4 组（1、2、3、4），分别标上 1 空白、1 冷、1 阻垢剂；2 空白、2 冷、2 阻垢剂；……依次类推。每个容量瓶中均加入 250mg/L 的 Ca^{2+}。在各组中标为"组号+阻垢剂"的容量瓶中加入 10mg/L 的阻垢剂，然后加入 400mg/L 的 HCO_3^- 到第 1 组的 3 只容量瓶，500mg/L 的 HCO_3^- 到第 2 组的 3 只容量瓶，600mg/L 的 HCO_3^- 到第 3 组的 3 只容量瓶，700mg/L 的 HCO_3^- 到第 4 组的 3 只容量瓶，最后用去离子水定容。

在以上 3 组实验中，将各组"冷"置于室温 10h，其余容量瓶置于 80℃的恒温水浴中 10h 后取出，过滤，取其清液 10mL 以及 1mL 的 $NH_4Cl \cdot 5H_2O$、铬黑 T 指示剂分别加入 3 个锥形瓶中，以 EDTA 滴定其中 Ca^{2+} 离子的含量，记录实验数据。

（4）考察恒温水浴时间对阻垢性能的影响。取出 12 个 250mL 容量瓶，分为 4 组（1、2、3、4），分别标上 1 空白、1 冷、1 阻垢剂；2 空白、2 冷、2 阻垢剂；……依次类推。每个容量瓶中均加入 250mg/L 的 Ca^{2+}、10mg/L 的阻垢剂、500mg/L 的 HCO_3^- 离子，以去离子水定容至刻度线，其中第 1 组的 3 只容量瓶加热 4h，第 2 组的 3 只容量瓶加热 6h，第 3 组的 3 只容量瓶加热 8h，第 4 组的 3 只容量瓶加热 10h，标号为"组号+冷"容量瓶静置于室温 10h。随后过滤，取其清液 10mL 以及将 1mL 的 $NH_4Cl \cdot 5H_2O$、铬黑 T 指示剂分别加入 3 个锥形瓶中，以 EDTA 滴定其中 Ca^{2+} 离子的含量，记录实验数据。

6.5.5 结果处理

（1）分析 Ca^{2+} 的含量、HCO_3^- 的浓度、阻垢剂用量、恒温时间对阻垢性能的影响。

（2）获得最佳阻垢性能的参数。

6.5.6　思考题

（1）常用的阻垢剂有哪些？

（2）影响阻垢剂阻垢的因素有哪些？

第三篇　无机非金属材料的合成与性能控制

7 无机非金属粉体材料的合成与性能

7.1　无机陶瓷粉体制备实验

7.1.1　实验目的

（1）掌握钛酸钡陶瓷粉体制备工艺和实验操作。
（2）了解粉磨过程和粉磨原理。
（3）掌握高效率粉磨的操作方法和影响粉磨效率的主要因素。

7.1.2　实验原理

7.1.2.1　钛酸钡陶瓷简介

电子陶瓷用钛酸钡粉体超细粉体技术是当今高科技材料领域方兴未艾的新兴产业之一。由于其具有的高科技含量，粉体细化后产生的材料功能的特异性，使之成为新技术革命的基础产业。钛酸钡粉体是电子陶瓷元器件的重要基础原料，高纯超细钛酸钡粉体主要用于介质陶瓷、敏感陶瓷的制造，钛酸钡（$BaTiO_3$）是最早发现的一种具有 ABO_3 型钙钛矿晶体结构的典型铁电体，它具有高介电常数，低的介质损耗及铁电，压电和正温度系数效应等优异的电学性能，被广泛应用于制备高介陶瓷电容器、多层陶瓷电容器、PTC 热敏电阻、动态随机存储器、谐振器、超声探测器、温控传感器等，被誉为"电子陶瓷工业的支柱"。近年来，随着电子工业的发展，对陶瓷元件提出了高精度、高可靠性、小型化的要求。为了制造高质量的陶瓷元件，关键之一就是要实现粉末原料的超细、高纯和粒径分布均匀，研究可以制备粒径可控，粒径分布窄及分散性好的钛酸钡粉体材料的方法且能够大量生产成为一个研究热点。

目前钛酸钡粉体的制备工艺有多种，如固相合成法、化学沉淀法、水热合成法、溶胶–凝胶法等，本实验采取的是球磨法。

7.1.2.2 球磨机粉磨原理

球磨是最常用的一种粉碎和混合装置。被粉碎的物料和球磨介质（亦称料和球）装在一个圆筒形球磨罐中。球磨罐旋转时，带动球撞击和研磨物料，达到粉碎的目的。

一般来说，球磨机转速越大，粉碎效率越高，但当球磨机转速超过临界转速时就失去粉碎作用。

影响球磨效果的因素还有：

（1）助磨剂。当物料球磨至一定细度后，由于已粉碎的细粉对大颗粒的粉碎起缓冲作用，较大颗粒难以进一步粉碎，继续球磨的效率将显著降低。为使物料达到预期的细度，常常加入助磨剂来解决这一问题。常用的有油酸、乙二醇和乙醇等醇类。本试验采用的是乙醇。

（2）分散剂。干法球磨一般不加分散剂，主要靠球的冲击力粉碎物料。湿法球磨时需加水或乙醇等作为分散剂，主要靠球的研磨作用进行粉碎。由于水或其他分散剂的劈裂作用，湿法球磨效率比干磨要高。通常用水做分散剂，当原料中有水溶性物质时，可采用乙醇等其他液体做分散剂。

（3）球磨时间。球磨效率随球磨时间的延长而降低，物料的细度也趋于缓慢减小。长时间球磨不但不会使物料继续显著变细，还会引入其他较多的杂质。所以，球磨时间应在满足适当细度的基础上尽量缩短。为避免在球磨过程中杂质的引入，一般球磨时间不可过长，球磨罐的镶衬里可用相应材料制成的瓷件、橡皮或耐磨塑料等，磨球可用氧化铝瓷球、玛瑙球、与原料组成相同的瓷球等。

7.1.3 实验仪器及试剂

实验仪器和试剂包括：球磨机、天平、氧化锆球、氢氧化钡、钛酸丁酯、酒精。

7.1.4 实验内容与步骤

（1）称量氧化锆球300g，装入球磨罐。

（2）称量31.6g氢氧化钡装入球磨罐，倒入50mL的酒精作为助磨剂。

（3）将球磨罐放入球磨机球磨4h后取出。

（4）配置钛酸丁酯的酒精溶液。将34g钛酸丁酯溶于100mL的酒精中，备用。

（5）待氢氧化钡球磨4h后取出，向球磨罐中加入钛酸四丁酯的酒精溶液，球磨 12h 后。取出烘干或自然风干。

（6）将干燥后的钛酸钡进行研磨后准备进行下一步的粒度分析与成型试验。

7.1.5　实验处理

写出制备钛酸钡陶瓷粉体制备的具体工艺。

7.1.6　思考题

（1）影响陶瓷粉体球磨效率的主要因素有哪些？

（2）球磨过程中陶瓷物料和溶剂的比例应该处于什么范围，为什么？

7.2　无机陶瓷粉体粒度的测定实验

7.2.1　实验目的

（1）了解粉体粒度的相关概念。

（2）了解粉体颗粒度的物理意义及其在科研与生产中的作用和对钛酸钡陶瓷生产的影响。

（3）了解激光粒度仪的测试原理。

（4）掌握用激光粒度分析仪测定粉状物粒度的方法及相关分析方法。

7.2.2　实验原理

粒度测试是通过特定的仪器和方法对粉体粒度特性进行表征的一项实验工作。在所有反映粉体特性的指标中，粒度分布是所有应用领域中最受关注的一项指标，所以客观真实地反映粉体的粒度分布是一项非常重要的工作。近年来，随着电子工业的发展，对陶瓷元件提出了高精度、高可靠性、小型化的要求。为了制造高质量的陶瓷元件，关键之一就是要实现粉末原料的超细、高纯和粒径分布均匀，研究可以制备粒径可控、粒径分布窄及分散性好的钛酸钡粉体材料的方法且能够大量生产成为一个研究热点。

7.2.2.1　粒度测试的基本概念

（1）颗粒。颗粒是在一定尺寸范围内具有特定形状的几何体，如图 7-1 所示。颗粒不仅指固体颗粒，还有雾滴、油珠等液体颗粒。由大量不同尺寸的颗粒组成的颗粒群称为粉体。

（2）等效粒径。由于颗粒的形状多为不规则体，因此用一个数值很难描述一个三维几何体的大小。只有球形颗粒可以用一个数值来描述它的大小，因此引

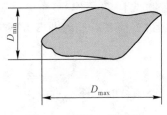

图7-1　颗粒一般形状

入等效粒径的概念。等效粒径是指当一个颗粒的某一物理特性与同质的球形颗粒相同或相近时，我们就用该球形颗粒的直径来代表这个实际颗粒的直径。那么这个球形颗粒的粒径就是该实际颗粒的等效粒径。一个高100μm、直径20μm的圆柱的等效球体直径为39μm。我们再看比它大一倍的圆柱体，即一个高200μm、直径20μm的圆柱，其有效球体直径为49.3μm。可见，等效颗粒的直径与实际颗粒的某个方向的尺寸并不成比例增加或减少，这也是粒度测试数据有时与一般直观方法（或直观感觉）不一致的原因之一。但无论如何，等效粒径将随颗粒的体积变化而变化，我们可以而且只能根据等效球体判断实际颗粒是变大了还是变小了，这是目前几乎所有粒度测试仪器和方法的基本原理。

（3）粒度分布。用特定的仪器和方法反映出的不同粒径颗粒占粉体总量的百分数。有区间分布和累计分布两种形式。区间分布又称为微分分布或频率分布，它表示一系列粒径区间中颗粒的百分含量。累计分布也叫积分分布，它表示小于或大于某粒径颗粒的百分含量。

7.2.2.2　粒度测试中的典型数据

（1）体积平均径 D [4，3]。这是一个通过体积分布计算出来的表示平均粒度的数据，是激光粒度测试中的一个重要的测试结果。

（2）中值。也叫中位径或D50，这也是一个表示平均粒度大小的典型值，该值准确地将总体划分为二等份，也就是说有50%的颗粒大于此值；50%的颗粒小于此值。现在，中值被广泛地用于评价样品平均粒度的一个量。

（3）最频值。最频值就是频率曲线的最高点所对应的粒径值。如果粒度分布呈高斯分布形态。则平均值、中值和最频值将恰好处在同一位置；如果这种分布是双峰分布或其他不规则的分布，则平均值径、中值径和最频值径则各不相同，如图7-2所示。由此可见，平均值、中值和最频值有时是相同的，有时是不同的，这取决于样品的粒度分布的形态。

（4）D97。D97 一个样品的累计粒度分布数达到97%时所对应的粒径。它的物理意义是粒径小于它的颗粒占97%。这是一个被广泛应用的表示粉体粗端粒度指标的数据。

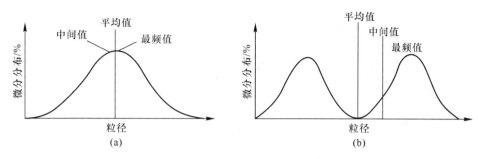

图 7-2　不同粒度分布的典型值

（a）正态或高斯分布；（b）双峰分布

7.2.2.3　激光法的粒度测试原理

激光粒度仪是根据颗粒能使激光产生散射这一物理现象测试粒度分布的。由于激光具有很好的单色性和极强的方向性，所以一束平行的激光在没有阻碍的无限空间中将会照射到无限远的地方，并且在传播过程中很少有发散的现象，如图 7-3 所示。

图 7-3　激光束在无阻碍状态下的传播示意图

当光束遇到颗粒阻挡时，一部分光将发生散射现象，如图 7-4 所示。散射光的传播方向将与主光束的传播方向形成一个夹角 θ。散射理论和实验结果都告诉我们，散射角 θ 的大小与颗粒的大小有关，颗粒越大，产生的散射光的 θ 角就越小；颗粒越小，产生的散射光的 θ 角就越大。在图 7-4 中，散射光 I_1 是由较大颗粒引起的；散射光 I_2 是由较小颗粒引起的。进一步研究表明，散射光的强度代表该粒径颗粒的数量。这样，在不同的角度上测量散射光的强度，就可以得到样品的粒度分布了。

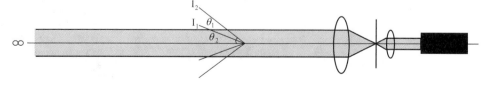

图 7-4　不同粒径的颗粒产生不同角度的衍射角

为了有效地测量不同角度上的散射光的光强，需要运用光学手段对散射光进行处理。我们在图7-4所示的光束中的适当的位置上放置一个富氏透镜，在该富氏透镜的后焦平面上放置一组多元光电探测器，这样不同角度的散射光通过富氏透镜就会照射到多元光电探测器上，将这些包含粒度分布信息的光信号转换成电信号并传输到电脑中，通过专用软件用Mie散射理论对这些信号进行处理，就会准确地得到所测试样品的粒度分布了，如图7-5所示。

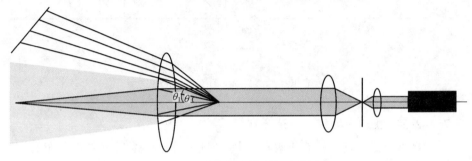

图7-5　激光粒度仪原理示意图

7.2.3　实验仪器与试剂

（1）仪器：电子天平、BT-2003激光粒度分析仪（见图7-6）、微型计算机、打印机、超声清洗器、烧杯、玻璃棒。

（2）试剂：钛酸钡陶瓷粉末、蒸馏水、六偏磷酸钠、乙醇。

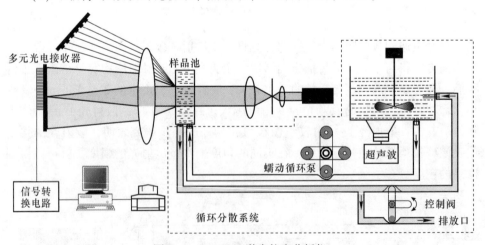

图7-6　BT-2003激光粒度分析仪

7.2.4　实验内容及步骤

对钛酸钡陶瓷粉体的晶粒度进行测定，其步骤如下：

（1）取样与悬浮液的配置。激光粒度仪是通过对少量样品进行粒度分布测定来表征大量粉体粒度分布的。因此要求所测的样品具有充分的代表性。取样一般分 3 个步骤：大量粉体（10kg）→实验室样品（10g）→测试样品（10mg）。在这里，从大量粉体中 3 个不同区域各称取 10g 钛酸钡陶瓷粉体作为 3 份实验室样品，再将 3 份实验室样品全部倒入分样器中，经过分样器均分出 3 份 10mg 测试样品。

（2）配制悬浮液。激光粒度仪进行粒度测试前要先将样品与某液体混合配制成悬浮液。取 3 个 150mL 烧杯，往 3 个烧杯中各倒入约 100mL 的蒸馏水和 0.000001g 六偏磷酸钠的分散剂，搅拌均匀后，将上述（1）中配制的钛酸钡陶瓷粉体样品倒入 3 个烧杯里，并进行充分搅拌，放到超声波分散器中进行超声分散 5min，其分散过程如图 7-7 所示。最终制备 3 份钛酸钡陶瓷粉体悬浮液。

另外，取出一份钛酸钡陶瓷粉体悬浮液，再进行超声不同时间：1min、5min、10min，以考察超声时间对陶瓷粉体粒度测量的影响。

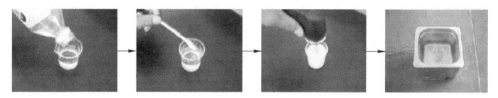

图 7-7　悬浮液的配制与分散

（3）利用激光粒度分析仪测试 3 份悬浮液中钛酸钡陶瓷粉体的粒度分布。

7.2.5　数据处理

（1）根据测试 3 份钛酸钡陶瓷粉体的粒度，画出粒度分布图，并计算 3 份钛酸钡陶瓷粉体的平均粒度。

（2）考察不同超声时间对钛酸钡陶瓷粉体的粒度影响。

7.2.6　思考题

陈述影响测试结果可靠性的因素。

7.3　无机陶瓷粉体胚体的制备实验

7.3.1　实验目的

（1）掌握陶瓷材料的成型及烧结办法。

（2）掌握烧结温度对陶瓷性能的意义。

（3）掌握压片及烧结炉的使用。

7.3.2　实验原理

7.3.2.1　成型

在现代陶瓷材料生产中，常用的成型方法包括挤压成型、干压成型、热压铸成型、注浆成型、轧膜成型、等静压成型和流延成型等。本实验采取的是干压成型。

采用干压成型时，造粒是重要的工艺之一。

造粒工艺是将已经磨得很细的粉料，经过干燥，加黏合剂，做成流动性好的约 0.1mm 左右的颗粒。

7.3.2.2　烧结

烧结使成型的坯体在高温作用下致密化，完成预期的物理化学反应，使陶瓷件具有需要的组成结构和物理化学性能过程。

陶瓷坯体在烧结过程中要发生一系列复杂的物理化学变化，如原料的脱水、氧化分解、易熔物的熔融、液相的形成、旧晶相的消失、新晶相的生成以及新生化合物量的不断变化，液相的组成、数量和黏度的不断变化。与此同时，坯体的孔隙率逐渐降低，坯体的密度不断增大，最后达到坯体气孔率最小、密度最大时的状态称为烧结。烧结时的温度称为烧结温度。若继续升温，升到一定温度时，坯体开始过烧，这可通过试样过烧膨胀出现气泡、角棱局部熔融等现象来确定。烧结温度和开始过烧温度之间的温度范围称为烧结温度范围。

坯料的烧成温度范围与其配方组成、化学组成及颗粒组成密切相关。根据烧成温度范围的定义，可以利用收缩率、密度等指标来确定烧结温度。

烧结过程通常分为从室温至最高烧成温度时的升温阶段、高温时的保温阶段和从最高温度降至室温的冷却阶段，有时还包括烧成后的处理阶段。

（1）升温阶段。在升温阶段 $BaTiO_3$ 由斜方转变为六方结构，之后又由内六方转变为四方结构的相变温度。此阶段升温速度不宜过快。

（2）保温阶段。各组分充分进行物理和化学变化，以获得要求的致密、结构和性能。

（3）冷却阶段。冷却阶段伴随液相凝固、析晶、相变等。

$BaTiO_3$ 陶瓷一般使用硅碳棒箱式炉、双管窑等炉具进行烧成，具体的烧成制度应根据瓷料的组成、类型及要求的材料结构性能和不同的窑炉类型制定，

$BaTiO_3$ 基铁电陶瓷烧成时应保持氧化性气氛，防止由于还原气氛使部分 Ti^{4+} 转变成 Ti^{2+}，产生氧空位，从而导致 $BaTiO_3$ 陶瓷介质的损耗显著增大，电性能恶化。$BaTiO_3$ 基铁电陶瓷在烧成时，必须合理选用不与之发生反应且具有一定耐温的垫板和垫料，常用的垫料或隔黏料有 ZrO_2 或与瓷料组成相同的 $BaTiO_3$ 烧结粉料。烧成时还要注意应避免胚料中高温时挥发性组分挥发以及对同窑烧成的其他胚料的污染，如胚料中含有 Bi_2O_3 时，在烧成时易挥发的 Bi_2O_3 挥发可能对其他胚料造成污染或使陶瓷件的组成偏离原设计。通常烧成时，采用将配件放入专用匣钵中，再加盖密封的方法。

7.3.3　实验仪器和试剂

（1）仪器：高温箱式电炉、压力成型机、成型模具（若干套）。

（2）试剂：钛酸钡粉体、聚乙二醇（400）。

7.3.4　实验内容与步骤

（1）配料。利用天平称取一定量的 $BaTiO_3$，并避免在称量过程中引入其他杂质。

（2）研磨。将称量好的 $BaTiO_3$ 用研钵研细。

（3）造粒。将研细的 $BaTiO_3$ 中加入增塑剂，加工成 $0.841 \sim 0.42mm$（20 ~ 40 目）的较粗团粒，使之具有较好的流动性及黏结性。

（4）成型。装料前将模具内侧涂上机油。装料后，将模具放在压力成型机工作台上加压，至预定压力后停止加压，保压一段时间后缓慢卸压，取出下压头并加压脱模。

（5）坯体干燥。将压制成型后的试件编号，然后放入干燥箱中烘干。

（6）烧成。为防止试件在高温时与垫板黏结，在 Al_2O_3 垫板上均匀撒一层 Al_2O_3 粉末，将试件放于垫板上送入炉膛内，关闭炉门。设定升温曲线，加热。设置 3 种保温加热温度：$1000℃$、$1200℃$、$1400℃$。

（7）待箱式炉冷却后，取出试件。

7.3.5　数据处理

记录制备工艺及实验参数，并画出制备无机陶瓷粉体胚体的实验流程图。

7.3.6　思考题

陈述影响制备无机陶瓷粉体胚体的因素有哪些？

7.4　陶瓷比表面积测试的实验

7.4.1　实验目的

（1）了解氮吸附比表面仪测定粉体材料比表面积的基本原理。
（2）掌握粉体材料比表面积的测量及分析方法。

7.4.2　实验原理

陶瓷并不是完全致密的块体材料，里面会含有不同数量的气孔。不同条件的粉料、不同烧结条件形成的陶瓷气孔率也不同，气孔对于材料的机械强度、硬度和介电性能等有着极大的影响。因此，测试陶瓷的气孔率对于分析陶瓷的介电性能、指导陶瓷分体的制备以及陶瓷的烧结条件有着重要意义。

7.4.2.1　比表面积的测试方法

比表面积分析测试方法有多种，其中气体吸附法因其测试原理的科学性，测试过程的可靠性，测试结果的一致性，在国内外各行各业中被广泛采用，并逐渐取代了其他比表面积测试方法，成为公认的最权威测试方法。

氮气因其易获得性和良好的可逆吸附特性，成为最常用的吸附质。氮吸附法根据吸附过程和吸附质确定方式的不同又分为连续流动法和静态法。静态法根据确定吸附量的方法不同分为重量法和容量法。重量法是根据吸附前后样品重量变化来确定被测样品对吸附质分子（N_2）的吸附量，由于分辨率低、准确度差、对设备要求很高等缺陷已很少使用。容量法测定样品吸附气体量多少是利用气态方程来计算。在预抽真空的密闭系统中导入一定量的吸附气体，通过测定出样品吸脱附导致的密闭系统中气体压力变化，利用气态方程 $P×V/T=nR$ 换算出被吸附气体摩尔数变化。

根据计算比表面积理论方法不同可分为：直接对比法分析测定、Langmuir 法比表面积分析测定和 BET 法比表面积分析测定等。直接对比法仅适用于与标准样品吸附特性相接近的样品测量，BET 理论在比表面积计算方面在大多数情况下与实际值吻合较好，被比较广泛的应用于比表面积测试，通过 BET 理论计算得到的比表面积又叫 BET 比表面积。

7.4.2.2　比表面积测试原理

气体吸附法测定比表面积原理，是依据气体在固体表面的吸附特性，在一定的压力下，被测样品颗粒（吸附剂）表面在超低温下对气体分子（吸附质）具有可逆物理吸附作用，并对应一定压力存在确定的平衡吸附量。通过测定出该平衡吸附量，利用理论模型来等效求出被测样品的比表面积。由于实际颗粒外表面的不规则性，严格来讲，该方法测定的是吸附质分子所能到达的颗粒外表面和内部通孔总表面积之和，如图7-8所示意位置。

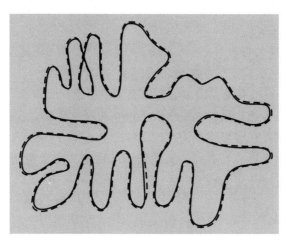

图7-8　吸附分子吸附在颗粒的内外表面

本实验测试采用低温（避免化学吸附）静态容量法，计算采用 BET 理论。

用这种方法测定的比表面积称之为"等效"比表面积，所谓"等效"是指：样品的比表面积是通过其表面密排包覆（吸附）的氮气分子数量和分子最大横截面积来表征。实际测定出氮气分子在样品表面平衡饱和吸附量 V，通过不同理论模型计算出单层饱和吸附量 V_m，进而得出分子个数，采用表面密排六方模型计算出氮气分子等效最大横截面积 A_m，即可求出被测样品的比表面积 $S_g(m^2/g)$：

$$S_g = \frac{V_m N A_m}{22400 W} \times 10^{-18} \qquad (7-1)$$

式中　S_g——被测样品比表面积，m^2/g；

V_m——标准状态下氮气分子单层饱和吸附量，mL；

A_m——氮分子等效最大横截面积，密排六方理论值 $A_m = 0.162nm^2$；

W——被测样品质量，g；

N——阿伏伽德罗常数，$N = 6.02 \times 10^{23}$。

代入上述数据，得到氮吸附法计算比表面积的基本公式：

$$S_g = 4.3 \times V_m/W \qquad (7-2)$$

由式（7-2）可以看出，准确测定样品表面单层饱和吸附量 V_m 是比表面积测定的关键。

BET 理论计算是建立在 Brunauer、Emmett 和 Teller 三人从经典统计理论推导出的多分子层吸附公式基础上，即著名的 BET 方程：

$$\frac{p}{V(p_0/p)} = \frac{1}{V_m C} + \frac{C-1}{V_m C}(p/p_0) \tag{7-3}$$

式中　p——吸附质分压；

　　p_0——吸附剂饱和蒸汽压；

　　V——样品实际吸附量；

　　V_m——单层饱和吸附量；

　　C——与样品吸附能力相关的常数。

　　由式（7-3）可以看出，BET 方程建立了单层饱和吸附量 V_m 与多层吸附量 V 之间的数量关系，为比表面积测定提供了很好的理论基础。

　　BET 方程是建立在多层吸附的理论基础之上，与许多物质的实际吸附过程更接近，因此测试结果可靠性更高。实际测试过程中，通常实测 3 ~ 5 组被测样品在不同气体分压下多层吸附量 V，以 p/p_0 为 X 轴，$\dfrac{p}{V(p_0 - p)}$ 为 Y 轴，由 BET 方程做图进行线性拟合，得到直线的斜率和截距，从而求得 V_m 值计算出被测样品比表面积，见图 7-9。

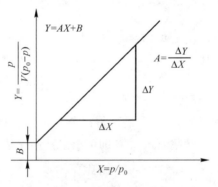

图 7-9　BET 方程拟合图

7.4.3　实验仪器和试剂

（1）仪器：SSA-4300 型孔隙比表面仪如图 7-10 所示，其参数为：

1）比表面积分析范围：最小 $0.1m^2/g$，无上限。

2）孔径的分析范围：$0.35 ~ 400nm$。

3）样品管材料：石英玻璃。

（2）样品取样量：钛酸钡陶瓷粉末、碳酸钙粉末、氮化硅粉末和液氮。

7.4.4　实验内容与步骤

　　分别对 3 种不同类型的陶瓷粉末进行比表面积测定。

图 7-10　全自动氮吸附比表面仪

（1）样品前处理（本实验需将试样称量后放入前处理器中烘干 2～4h，再进行测试分析），具体步骤如下。

1）将样品管称重并记录（注意加塞子总重），样品的装载量如表 7-1 所示。

表 7-1　样品装置

比表面积/$m^2 \cdot g^{-1}$	<1	1～3	3～10	10～30	30～100	100～800	>800
装样量/g	<5	5～3	3～2	2～1	1～0.3	0.3～0.15	>0.15

2）用长颈漏斗将一定量的样品倒入称量好的样品管内（注意样品管与塞子对应，长颈漏斗不可离开样品管，平行取出，样品管内壁不可沾有样品）。

3）将样品管固定在前处理器上。先将螺母套入样品管（小径口朝上，注意不要打碎样品管），再套入硅胶圈，使得螺母的上表面与样品管平齐或略低于样品管。然后将螺母连接到前处理器样品接口上，并拧紧螺母（注意整个过程样品管竖直，防止样品挂壁，无法参与 N_2 吸附，造成测试偏差）。

4）将连好的样品管放入加热包内，并在加热包口上盖上玻璃棉。

5）接上前处理器的电源，同时将真空泵的电源线接头插入热处理器背侧的接口上，将透明齐鲁管接到真空泵的抽气口上，拧紧。将面板上黑色开关打到"低速"，热处理器右侧黑色开关打到"抽气"，打开热处理器开关，设置样品处理温度（最高温度保证样品的物理化学性能不变），一般为 300℃ 以下。

6）10min 后，将面板上黑色开关拨至"高速"，等升温到设定温度后，开始计时，处理时间至少为 2h。

7）处理结束，关闭处理器电源，从加热包中取出样品管，冷却到室温。将热处理器右侧黑色开关打到"放气"，并取下样品管，迅速盖上塞子（注意塞子和试样管必须对应）。

8）将装有样品的样品管称重并记录（加塞子总重）。然后减去步骤1）所记录的质量即为处理后样品质量。

（2）测试过程。

1）打开两个气瓶气阀，调节黑色输出压力阀，使得输出气体压力为0.3~0.5MPa。

2）将处理好的样品管，装入对应的样品分析口上。

3）打开比表面仪的电源。

4）打开桌面软件，点击"新建分析"，点击分析口1，设置参数，包括类型、样品名称、样品重量、分析方式、递进压力、BET取点固定不变：0.05~0.3。

5）依次设置分析口2、分析口3的相关参数。

6）点击开始一次新的分析，吸附/脱附最大平衡时间：240s；进阶设定为：仪器调试参数不可改动；本地气压：一般101.325MPa；真空抽速默认；文件保存：更多设置（选定保存路径）。

7）点击"完成"，再次点击"新建分析"可查看修改设置。点击"公共参数"实际测量大气压：可在未装样之前测量，连续测量时可以不变；仪器控制参数不变；然后点击"开始分析"。

8）将液氮倒入保温桶，液面距杯口4~5cm处即可，然后将装有液氮的保温桶放入分析仪的托盘内，摆正放好，避免在托盘上升过程中，保温桶与样品管发生碰撞。

9）测试完毕时，保温桶自动下滑到托盘上。当电脑桌面弹出报告时，测试结果已自动保存。点击"文件""保存为"可选择保存路径及格式。

10）关闭电源，回收剩余液N_2。注意尽量不要将上分析接口暴露在空气中。

7.4.5　数据处理

（1）测量3个粉末试样的比表面积。

（2）比较3个试样的比表面积解吸峰波形图形状，并分析原因。

7.4.6　思考题

分析陶瓷粉末试样比表面积实验结果的影响因素。

7.4.7　注意事项

（1）实验过程中样品的称量要准确，严格按实验要求操作。

（2）前处理过程中，样品管和夹具很热，正确操作，严防烫伤。且要轻拿轻放，玻璃仪器易碎。

（3）当装液氮时最好带防护镜和手套，杜瓦罐易碎，防止让液氮冻伤。

（4）液氮液面最低不能低于冷藏物体最高面，以保证液氮将冷藏物淹没为准。

7.5　无机非金属材料制品气孔率、吸水率和体积密度测定的实验

7.5.1　实验目的

无机非金属材料制品内部都是有气孔的，这些气孔的特征对材料的结构和性能有重要的影响，其中气孔率是反应材料结构特征的重要指标之一。气孔率通常分为真气孔率、显气孔率和闭口气孔率。显气孔率系指制品的所有开口气孔的体积与其总体积之比值。闭口气孔率是指所有闭口气孔的体积与其总体积之比值。真气孔率是指制品中的全部气孔，即显气孔率与闭口气孔率的总和。吸水率则是指制品中所有开口气孔所吸收的水的质量与其干燥制品的质量之比值，也是反应材料结构特征的指标之一。以上所述各项皆以百分数表示。

材料研究中，气孔率、吸水率和体积密度的测定是对制品质量进行鉴定的最常用的方法之一。在这些材料制品的生产中，测定这3个指标对生产控制有重要意义。本实验要求了解气孔率，体积密度等概念的物理意义，掌握气孔率，体积密度的测定原理和方法，并能分析气孔率和体积密度测试中误差产生的原因。

7.5.2　实验原理

本实验是根据阿基米德原理，用液体静力称重法来进行测定的。测定时先将试样开口空隙中空气排出，充以液体（媒介液），然后称量饱吸液体的试样在空气中的重量及悬吊在液体的重量，根据公式计算得出上述各项。由于液体浮力的作用，使两次称量的差值等于被试块所排开的同体积液体，此值除以液体密度即得试块的真实体积。试块饱吸液体之前与饱吸液体之后，在空气中的二次称量差值，除以液体的密度即为试样开口孔隙所占体积，在按公式计算显气孔率时，液体密度已被约去。表7-2为水在不同温度下的密度。

表7-2　水在不同温度下的密度

温度/℃	密度/g·cm⁻³	温度/℃	密度/g·cm⁻³	温度/℃	密度/g·cm⁻³
0	0.99987	16	0.99897	32	0.99505
2	0.99997	18	0.99862	34	0.99440
4	1.00000	20	0.99823	36	0.99371
6	0.99997	22	0.99780	38	0.99299
8	0.99988	24	0.99732	40	0.99224
10	0.99973	26	0.99681	42	0.99147
12	0.99952	28	0.99626	44	0.99066
14	0.99927	30	0.99567	46	0.98982

7.5.3　实验仪器与试剂

实验仪器与试剂包括：普通天平、烘箱、抽真空装置、烧杯、煮沸用器皿、毛刷、镊子、吊篮、小毛巾、三脚架、媒介液。

7.5.4　实验内容与步骤

（1）刷净试样表面灰尘，放入电热烘箱中于 $105\sim110℃$ 下烘干 $2h$ 或在允许的更高温度下烘干至恒值，并于干燥器中自然冷却至室温，称量试样的质量 m_1，精确至 $0.01g$。试样干燥至最后两次称量之差不大于其前一次的 0.1% 即为恒重。

（2）将试样置于烧杯或其他清洁容器中，并放于真空干燥箱内抽真空至<20Torr，保压 $5min$，然后在 $5min$ 内缓慢注入浸液，至浸没试样。保持 $25min$。将试样连同容器取出后，在空气中静置 $30min$。

（3）饱吸试样的表观质量的测定：将饱吸试样吊在天平钓钩上，并浸入有溢流管容器的浸液中，称取饱吸试样的表观质量 m_2。表观质量为饱吸浸液的试样在浸液中称得的质量。

（4）饱吸试样质量：用饱吸了浸液的毛巾，小心地拭去饱吸试样表面流挂的液珠（注意不可将大孔中浸液吸出）。立即称取饱吸试样的质量 m_3。

7.5.5　数据处理

（1）将实验数据填入下表中。

气孔率、吸水率、体积密度测定记录

试样名称		测定人		测定日期	
试样处理					
试样编号	干试样质量 m_1/g	饱吸试样表观质量 m_2/g	饱吸试样在空气中质量 m_3/g	吸水率 $W_a/\%$	显气孔率 $P_a/\%$ 真气孔率 $P_t/\%$ 闭口气孔率 $P_0/\%$ 体积密度 $D_b/g \cdot cm^{-3}$

（2）吸水率、气孔率由以下公式计算。

1）吸水率 W_a：

$$W_a = \frac{m_3 - m_1}{m_1} \times 100\%$$

2）显气孔率 P_a：

$$P_a = \frac{m_3 - m_1}{m_3 - m_2} \times 100\%$$

3）体积密度 D_b：

$$D_b = \frac{m_1 \times D_1}{m_3 - m_2} \times 100\%$$

4）真气孔率 P_t：

$$P_t = \frac{D_t - D_b}{D_t} \times 100\%$$

5）闭口气孔率 P_0：

$$P_0 = P_t - P_a$$

式中　m_1——干燥试样的质量，g；

$\quad\quad m_2$——饱吸试样的表观质量，g；

$\quad\quad m_3$——饱吸试样在空气中的质量，g；

$\quad\quad D_1$——实验温度下，浸渍液体的密度，g/cm³；

$\quad\quad D_t$——试样的真密度，g/cm³。

"表观质量"是指饱吸试样的质量减去被排除的液体的质量。即相当于饱吸试样悬挂在液体中的质量。

（3）实验精度要求。同一实验室，同一实验方法，同一块试样复验误差不允许超过如下范围。

显气孔率：0.5%；

吸水率：0.30%；

体积密度：$0.02g/cm^3$；

真气孔率：0.5%。

7.5.6 思考题

（1）实验中材料的真密度 D_t 指什么，该怎么计算？

（2）推导上述孔隙率、体积密度的计算公式为何？

（3）分析实验过程中产生误差的原因。

（4）结合教材，思考孔隙率对材料制品的哪些性能存在影响。

7.5.7 注意事项

（1）制备试样时一定要检查试样有无裂纹等缺陷。

（2）称取饱吸液体试样在空气中的质量时，用毛巾抹去表面液体，操作前后要一致。

（3）要经常检查天平零点以保证称重准确。

8 无机非金属储能材料的合成与性能

8.1 无机非金属储能材料的高温固相合成实验

8.1.1 实验目的

（1）了解锂离子电池的应用和 $Li_2ZnTi_3O_8$ 负极材料的结构和特点。

（2）掌握 $Li_2ZnTi_3O_8$ 负极材料的高温固相法制备方法。

8.1.2 实验原理

作为锂离子电池负极材料，$Li_2ZnTi_3O_8$ 是一种新型的钛氧化物材料。与 $Li_2ZnTi_3O_8$ 相比，$Li_2ZnTi_3O_8$ 具有更大的比容量（理论比容量 $229.1mA \cdot h/g$），同时其具有和 $Li_2ZnTi_3O_8$ 相同的"零应变"特性，循环性能好，$Li_2ZnTi_3O_8$ 可在较低温度下（700～800℃）煅烧较短时间（3～6h）便可得到产品，大大降低了生产能耗，降低了生产成本。因此，$Li_2ZnTi_3O_8$ 成为替代 $Li_2ZnTi_3O_8$ 的首选材料。如图8-1所示，$Li_2ZnTi_3O_8$ 是立方尖晶石结构，空间群 P4332，是尖晶石 $Li_2MM'_3O_8$（M = Zn、Co、Mg；M'=Ti、Ge）系列中的一种。该材料一直被研究人员作为介电陶瓷进行研究。其中 Li 和 Ti 按照原子比为 1：3 的比例占据八面体位，其中 Li 占据 4d 位，Li 占据 4b 位，Ti 占据 12d 位，此外 Li 和 Zn 按照 1：1 的比例随即占据四面体 8c 位。因此，$Li_2ZnTi_3O_8$ 可以写为 $(Li_{0.5}Zn_{0.5})^{tet}(Li_{0.5}Ti_{1.5})^{oct}O_4$。

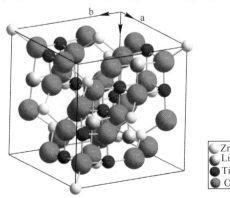

图8-1 立方尖晶石 $Li_2ZnTi_3O_8$ 的晶体结构

$Li_2ZnTi_3O_8$ 负极材料在近几年得到迅猛的发展。由于其独特的循环性能和零体积变化，人们已对其进行了深入的研究。锂离子电池电极材料的物理和电化学性能与制备方法有密切联系。对于电极材料而言，材料的相结构和晶体结构的稳定性对于材料的电化学性能有直接影响。在电极反应过程中，结构的缺陷和杂质的存在会严重影响 Li^+ 的可逆嵌入脱出，从而严重影响材料的容量和循环稳定性。因此，制备方法的研究对于材料的发展至关重要。

目前，合成钛酸锌锂负极材料的方法有很多种：固相法、溶胶凝胶法、熔融盐法、燃烧法、微波法及流变相法。其中，固相法是现在工业上普遍用来合成电极材料的手段。固相法之所以能够适用于工业化生产是因为其操作方便，不需要复杂的工序，也不需要复杂的设备，而且成本低廉，能够连续生产。

目前，工业上运用固相法合成电极材料主要步骤就是将原材料（各种盐）按一定配比加入到高能球磨罐中以一定球磨速度进行球磨一段时间。这个步骤只是将各种原材料进行混合均匀。然后在高温下煅烧，一般情况下，固相法所需要的温度较高，得到的产物就是目标产物了。这种方法虽然简单方便，但也难免会有些缺陷，比如说，固相法合成的晶粒的尺寸会比较大，而且成本较高。

运用固相法合成钛酸锌锂负极材料较为简单，即是将锂盐、锌盐以及二氧化钛粉末在球磨罐中球磨，在马弗炉中高温煅烧即可获得。Tang 等人运用固相法合成了钛酸锌锂纯相。用 TiO_2（anatase，晶粒大小约为 20nm），$LiOH \cdot H_2O$，$Zn(COOH)_2 \cdot 9H_2O$ 作为原料，用乙醇作为球磨助剂，然后用球磨罐以 400r/min 的速度球磨 4h。将获得的前驱体在 80℃烘箱中烘干，然后在马弗炉中先是经过 700℃煅烧 1h（空气氛围下），再在 800℃下煅烧 3h（空气氛围下），所得到的负极材料就是钛酸锌锂负极材料。但是，这种方法合成的 $Li_2ZnTi_3O_8$ 由于其晶粒不规则、晶粒尺寸大小不一等缺点，电化学性能不是特别的理想。因此，探索使用固相法制备 $Li_2ZnTi_3O_8$ 的工艺方法和条件，对于 $Li_2ZnTi_3O_8$ 的工业化生产具有重要作用。

8.1.3 实验仪器与试剂

（1）仪器：行星式球磨机、鼓风干燥箱、马弗炉。

（2）试剂：锂源 $LiOH \cdot H_2O$、Zn 源包括 $Zn(COOH)_2 \cdot 9H_2O$ 等；钛源为 TiO_2。

8.1.4 实验内容与步骤

（1）将锂源、锌源、钛源等原料按准确的化学计量比称取，按一定的顺序加入一定体积的氧化锆球磨罐中。

（2）以乙醇为介质分散剂，将原料混合后球磨 4h，转速为 400r/min。球磨后将前驱体混合物置于 80℃鼓风干燥箱干燥过夜后取出。

（3）将球磨好的原料在玛瑙研磨中研磨成细粉末状，之后置于陶瓷坩埚中，放入管式炉中高温煅烧，保温时间为 4h（在空气氛围下，升温速率为 3℃/min）。为了探究不同煅烧温度对合成 $Li_2ZnTi_3O_8$ 材料性能的影响，分别选用 700℃、800℃和 900℃作为对比，详细实验过程同上。将材料命名为材料 1、材料 2、材料 3。

（4）将烧结好的 $Li_2ZnTi_3O_8$ 材料分成两部分，一部分用于测试材料的结构、形貌等性质，一部分用于装配扣式电池，测试电化学性能。

8.1.5 数据处理

（1）观察 $Li_2ZnTi_3O_8$ 粉末颜色的变化。

（2）观察不同的煅烧温度下制备 $Li_2ZnTi_3O_8$ 粉末的粗细程度。

8.2 无机非金属储能材料的结构与形貌分析实验

8.2.1 实验目的

（1）了解 X 射线衍射（XRD）和扫描电子显微镜（SEM）表征的基本原理和正确使用方法。

（2）掌握 $Li_2ZnTi_3O_8$ 负极材料的结构和形貌特点。

8.2.2 实验原理

X 射线衍射主要是靠衍射现象来表征材料的晶体结构。X 射线衍射的原理是某些方向的次生 X 射线相互叠加，使胶片感光，而某些方向的却相互抵消，从而使得 X 射线衍射法能够作为判断物质的方法。因此，通过对 XRD 数据与标准卡片数据库对比来分析材料的物相结构。通过对 XRD 数据精修能够得到材料的晶胞参数等。这对于晶体结构方面的分析有很大的帮助。使用的 XRD 测试仪器型号为 Rigaku 公司制造型号为 D/max2500 的 X 射线衍射仪。样品测试速度为 5°/min，扫描区间为 10°~80°，主要用于所制备样品的物相。

扫描电子显微镜（SEM）是用聚焦电子束在试样表面逐点扫描成像的。试样为块状或粉末颗粒，成像信号可以是二次电子、背散射电子或吸收电子。其中二次电子是最主要的成像信号。由电子枪发射的电子，以其交叉斑作为电子源，经二级聚光镜及物镜的缩小形成具有一定能量定流强度和束斑直径的微细电子束，在扫描线圈驱动下，于试样表面按一定时间、空间顺序作栅网式扫描。聚焦电子束与试样相互作用，产生二次电子发射以及背散射电子等物理信号，二次电子发射量随试样表面形貌而变化。二次电子信号被探测器收集转换成电讯号，经视频放大后输入到显像管栅极，调制与入射电子束同步扫描的显像管亮度，得到反映试样表面形貌的二次电子像。能谱分析是利用不同物质吸收不同的 X 射线光子能量，从而分析物质元素组成的方法。由 Si（Li）探测器接收后反映出电脉冲信号，经过放大器后送入脉冲分析器，后将脉冲数-脉冲高度在显示器上显示出来，即得到能谱曲线。本实验采用日本 Hitachi S-4800 型扫描电子显微镜进行 SEM 和 EDS 测试，加速电压为 5kV。

8.2.3　实验仪器与试剂

（1）仪器：日本理学公司生产型号为 D/max2500 的 X 射线衍射仪，日立集团生产的 S-4800 扫描电子显微镜。

（2）试剂：钛酸锌锂粉末。

8.2.4　实验内容与步骤

（1）XRD 主要用来表征晶体的结构、相组成等物理特性。本实验主要用它来表征 $Li_2ZnTi_3O_8$ 的晶体结构和不同温度对其结构的影响。

（2）X 射线衍射（XRD）测试步骤：

1）制备 $Li_2ZnTi_3O_8$ 样品于玻璃载片上；

2）打开循环水冷却系统；

3）启动 XRD 衍射仪；

4）设定仪器参数：采用 $\theta-2\theta$ 联动，3°/min，扫描区间为 20°～80°，设定完参数后开始扫描；

5）实验完之后，关闭 XRD 电源，过一段时间，再关闭循环水冷却系统测试完毕后，可将样品测试数据存入磁盘供随时调出处理。

（3）SEM 主要用来观察在不同条件下制备的 $LiFePO_4$ 材料的颗粒度和表面形貌的变化，不同的煅烧温度对颗粒度的影响。

（4）扫描电子显微镜（SEM）测试步骤：

1）开机准备：

①开启电子交流稳压器，电压指示应为 220V，开启冷却循环水装置电源开关；

②开启试样室真空开关，开启试样室准备状态开头；

③开启控制柜电源开关。

2）样品处理：在样品台上粘上少量的导电胶，用棉签蘸取少量干燥的固体样品后涂在导电胶上，然后去除多余未粘在导电胶上的粉末。因为本样品为铝粉，导电性能好，故不需要喷金。

3）工作程序：

①开启试样室进气控制开关解除真空，将样品放入样品室后将试样室进气控制开关关闭抽真空；

②打开工作软件，加高压至 5kV（不导电试样）；

③将图像选区调为全屏 View；

④调节显示器对比度（CONTRAST）、亮度（BRIGHTNESS）至适当位置；

⑤调节聚焦旋钮至图像清晰；

⑥放大图像选区至高倍状态；

⑦消去 X 方向和 Y 方向的像散；

⑧选择适当的扫描速率（SCAN RATE）观察图像；

⑨根据所需要求进行观察和拍照（Freeze）；

⑩做好实验记录及仪器使用记录。

8.2.5　数据处理

（1）根据 XRD 测试结果判断高温固相法合成 $Li_2ZnTi_3O_8$ 材料的晶体结构和不同煅烧温度对 $Li_2ZnTi_3O_8$ 材料的晶体结构的影响。

（2）根据 SEM 结果观察合成 $Li_2ZnTi_3O_8$ 材料的表面形貌和不同煅烧温度对 $Li_2ZnTi_3O_8$ 材料粒径的影响。

8.3　无机非金属储能材料的性能测试与分析实验

8.3.1　实验目的

（1）了解常见的锂离子电池的结构。

（2）掌握钮扣电池充放电测试的方法，循环伏安扫描法。

（3）掌握 $Li_2ZnTi_3O_8$ 负极材料的电化学性能特点。

8.3.2　实验原理

8.3.2.1　循环伏安测试（CV）

循环伏安法是从 2025 型扣式电池的初始电压开始扫描，当电位扫描到设定的截止电压 0.01V 时，再返回来扫描到原来的起始电压或设定的截止电压 3V，这样来回一圈即是循环伏安完成了一次扫描。循环伏安法是电池多种性能测试的重要检测方法。比如说通过循环伏安来判定电池可逆性能的好坏。此时需要根据循环伏安过程中氧化峰电位和还原峰电位之间的差值，差值越小，说明反应进行的可逆性越好，即循环性能优异。同时还需要根据循环伏安多圈曲线的重复程度来进行判断，曲线的重复性越好，即多圈后，氧化峰电位和还原峰电位与首圈的电位相差越小，则说明电池发生电化学反应的可逆性越好，也即是说明电池的循环性能更加优越。此外，也可以通过循环伏安法对电池充放电区间的选取进行判定，这主要是根据氧化还原峰电位来进行选取。因此，循环伏安法是判断电池的电化学性能优越与否的重要依据。图 8-2 是循环伏安曲线的示意图。钛酸锌锂属于负极材料，因此，循环伏安的截止电压区间选为 $0.01 \sim 3.0V$，扫描速率为 $0.1mV/s$。

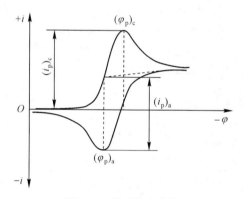

图 8-2　循环伏安曲线

8.3.2.2　恒电流充放电测试

恒电流充放电测试即是通过记录电压随时间之间的关系，进而获得电池的充放电电压平台及电压和比容量之间的规律。恒电流充放电测试是衡量电池电化学性能的重要的指标。本实验恒电流充放电测试是充放电之前静置两分钟，然后按不同倍率换算成电流进行测试，循环次数最低为 50，最高为 1000。

8.3.2.3　交流阻抗测试

交流阻抗在研究电池电极材料方面具有很重要的意义。交流阻抗是以不同频率的小幅值正弦波扰动信号作用于电极系统，由电极系统的响应与扰动信号之间的关系得到电极阻抗的，并推测出电极过程的等效电路。通过交流阻抗所测得的溶液欧姆电阻及电化学反应阻抗，可以计算出电化学一些其他参数，如扩散系数、离子电导率等。这些参数都是评价电池电化学性能的重要参数。因此，交流阻抗对于评价电池电化学性能优异具有举足轻重的意义。图 8-3 是交流阻抗谱图。

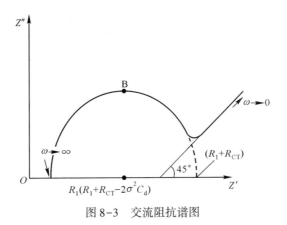

图 8-3　交流阻抗谱图

8.3.3　实验仪器与试剂

（1）仪器：日本理学公司生产型号为 D/max2500 的 X 射线衍射仪、S-4800 扫描电子显微镜。

（2）试剂：钛酸锌锂粉末、PVDF、乙炔黑、铜箔和电解液。

8.3.4　实验内容与步骤

（1）电池装配。采用的活性物质质量比例为 $Li_2ZnTi_3O_8$：乙炔黑：PVDF = 80%：10%：10%，通过球磨机搅拌成均匀溶液，涂布在铜箔上，在 80℃真空烘箱中烘干，备用。在充满氩气的手套箱中，以金属锂片为负极，采用含 1mol/L $LiPF_6$ 的 EC：DMC（体积比）= 1：1 有机溶液作为电解液，装配成 CR2025 型扣式电池。

（2）电池的恒电流充放电测试在蓝电电池测试系统上进行。

（3）在 CHI660B 电化学工作站进行交流阻抗测试。

（4）在 CHI660B 电化学工作站上测试循环伏安测试。

8.3.5　数据处理

（1）根据充放电测试、循环伏安和交流阻抗等电化学性能了解 $Li_2ZnTi_3O_8$ 材料性能。

（2）对比不同煅烧温度对 $Li_2ZnTi_3O_8$ 材料电化学性能的影响。

附录　常用单体、引发剂的精制

A　苯乙烯（商品中含有对苯二酚、水和聚合物）

纯净的苯乙烯为无色或浅黄色透明液体，其沸点为 145.2℃，密度：d_4^{20} = 0.9060g/cm³，折光指数：n_D^{20} = 1.5469。在 250mL 分液漏斗中加入 150mL 苯乙烯单体，用 30mL 的 5% NaOH 反复洗涤至无色，再用去离子水洗至中性，用无水硫酸钠干燥，减压蒸馏收集 44 ~ 45℃、2.66kPa（20mmHg）或 58 ~ 59℃、5.32kPa（40mmHg）的馏分，测其折光率。如单体暂时不用，可充氮封存，置于冰箱中保存。

压力/kPa（mmHg）	3.19 (24)	4.66 (35)	7.05 (53)	10.77 (81)	16.49 (124)	25.14 (189)	37.11 (279)	50.80 (397)	72.75 (547)	101.08 (760)
沸点/℃	10	20	30	40	50	60	70	80	90	100.6

B　甲基丙烯酸甲酯（商品中含有对苯二酚、水和甲基丙烯酸）

纯净的甲基丙烯酸甲酯为无色透明液体，其沸点为 100.3℃，密度：d_4^{20} = 0.937g/cm³，折光指数：n_D^{20} = 1.4138。在 500mL 分液漏斗中加入 250mL 甲基丙烯酸甲酯单体，用 40 ~ 50mL 的 5% NaOH 反复洗涤至无色，再用去离子水洗至中性，用无水硫酸钠干燥，减压蒸馏收集 46℃、13.3kPa（100mmHg），测其折光率。如单体暂时不用，可充氮封存，置于冰箱中保存。

压力/kPa（mmHg）	0.67 (5)	1.33 (10)	2.66 (20)	5.32 (40)	7.98 (60)	13.30 (100)	26.60 (200)	53.20 (400)	101.08 (760)
沸点/℃	18	30.8	44.6	59.8	69.5	82.1	101.4	122.6	145.2

C　醋酸乙烯酯的精制（商品中含有苯胺、乙酸、水分和固体杂质）

在 100mL 分液漏斗中加入 50mL 醋酸乙烯酯单体，用 15mL 盐酸（4mol/L）洗涤 3 次，再用 15mL 饱和碳酸钠溶液洗涤 3 次，去离子水洗至中性，用无水硫酸钠干燥，常压蒸馏收集 72 ~ 73℃馏分。如单体暂时不用，可充氮封存，置于冰箱中保存。

D　过氧化二苯甲酰的精制（BPO）

BPO 的提纯常采用重结晶法。通常用氯仿为溶剂，甲醇为沉淀剂进行精制。BPO 只能在室温下溶解于氯仿中，加热易爆炸。

在 100mL 烧杯中加入 5g 的 BPO，滴加 20mL 氯仿，搅拌溶解，过滤，滤液直接滴入到 50mL 用冰盐冷却的甲醇中，然后将针状结晶过滤，用冷的甲醇洗涤抽干，反复重结晶 2 次。将结晶物置于真空干燥器中干燥，称重。产品放在棕色瓶中，保存于干燥器中。甲醇有毒，可用乙醇替代。不可加热溶解。

E　偶氮二异丁腈的精制（AIBN）

在装有回流冷凝管的 150mL 锥形瓶中加入 50mL 的 95% 乙醇，在水浴中加热至 70℃，迅速加入 5g 的 AIBN，摇匀至溶解，热溶液迅速抽滤（过滤所用的吸滤瓶和漏斗必须预热），滤液冷却后得到白色结晶，置于干燥器中干燥，称重，其熔点为 102℃，产品置于棕色瓶中保存。

F　过硫酸钾的精制

在过硫酸盐中主要杂质是硫酸氢铵（或钾），可用少量水反复重结晶。取过硫酸钾于 40℃ 下溶解过滤，滤液用冰冷却，过滤出结晶，用冰水洗涤，用 $BaCl_2$ 检测至无 SO_4^{2-} 离子为止，将白色结晶置于真空干燥器中干燥。

参 考 文 献

[1] 崔忠圻，覃耀春. 金属学与热处理（第二版）[M]. 北京：机械工业出版社，2007.

[2] 陈运本，陆洪彬. 无机非金属材料综合实验 [M]. 北京：化学工业出版社，2007.

[3] 王志刚，刘科高. 金属热处理综合实验指导书 [M]. 北京：冶金工业出版社，2012.

[4] 戴雅康. 金属力学性能实验 [M]. 北京：机械工业出版社，1991.

[5] 《金属弯曲力学性能试验方法》（GB/T 14452—1993）.

[6] 潘祖仁. 高分子化学（第五版）[M]. 北京：化学工业出版社，2011.

[7] 杜奕. 高分子化学实验与技术 [M]. 北京：清华大学出版社，2008.

[8] 重庆科技学院化学化工学院. 高分子化学及物理实验指导书 [M]. 北京：高等教育出版社，2007.

[9] 张凯，曾敏，雷毅，等. 分散聚合反应 [J]. 化学通报，2002（65）：85.

[10] 张光华，周晓英，刘静. 分散聚合法制备单分散交联聚苯乙烯微球 [J]. 功能高分子学报，2008，21（4）：401-404.

[11] 何卫东. 高分子化学实验 [M]. 合肥：中国科学技术大学出版社，2003.

[12] 欧国荣，张德震. 高分子科学与工程实验 [M]. 上海：华东理工大学出版社，1997：172-176.

[13] 张留成，瞿雄伟，丁会利. 高分子材料基础 [M]. 北京：化学工业出版社，2001.

[14] 陈雪萍，翁志学. 高吸水性树脂的研究进展和应用 [J]. 化工生产与应用，2000，7（1）：71-91.

[15] A. Bhattacharya, Mitabha De. Conducting composites of polypyrrole and polyaniline a review. Prog [J]. Solid St. Chem, 1996（24）：141.

[16] P. N. Ddms, P. J. Laughlin, A. P. Momkman. Low temperature synthesis of high molecular weight polyaniline [J]. Polymer, 1996（37）：341.

[17] 董炎明. 高分子分析手册 [M]. 北京：中国石化出版社，2004：282.

[18] 齐连惠. 工业循环冷却水处理技术研究动态 [J]. 环境科学进展，1997，7（1）：78-81.

[19] 刘欣，刘淑萍，贾会肖. 聚天冬氨酸与木质素硫酸钠复配物对碳酸钙阻垢性能的研究 [J]. 化学研究与运用，2008，20（9）：1228-1229.

[20] 霍宇凝，刘珊，陆柱. 聚天冬氨酸对碳酸钙阻垢性能的研究 [J]. 水处理技术，2001，27（1）：26-32.